Guides de l'utilisateur

Vers le zéro panne avec la maintenance conditionnelle

Alain BOULENGER

Édité par l'Association Française de Normalisation
Tour Europe — Cedex 7 — 92080 Paris La Défense
Tél. : (1) 42.91.55.55

Déjà publiés, dans la même collection animée
par Claudine DARTYGE assistée de Christine MOULENES

Informatique

- **Informatique et entreprise — Relations contractuelles**
- **Micro informatique et relations contractuelles**
- **Comment informatiser votre facturation**
- **Réussir sa micro informatique**

Maintenance

- **Comment réussir votre maintenance**
- **Contrats de maintenance**
- **Documents d'exploitation et de maintenance**
- **Créer et développer vos produits — Analyse de la valeur**

Gestion de production

- **Clés pour un projet GPAO**

Série technique

- **Comment choisir une élingue**

Série secteur : Travaux publics

- **Entreprises TP et la qualité**
- **Le conducteur de travaux**
- **Le chef de chantier**

Agroalimentaire

- **Agroalimentaire : comment garantir la qualité**

Information — Communication — Documentation

- **PME/PMI : frappez à la bonne porte**
- **Le guide de l'édition d'entreprise — P.A.O.**

Qualité

- **Manuel de la qualité**
- **PME/PMI : la démarche qualité**

ISBN 2-12-467011-8

Préface

L'abandon progressif par l'industrie française de politiques de maintenance purement correctives, fondées sur l'acte de dépannage et de réparation, pour des politiques de maintenance préventive, a engendré des besoins nouveaux de connaissance portant sur la planification et la préparation du travail ainsi que le suivi du budget maintenance.

Mais déjà les entreprises les plus avancées mettent en place, pour les installations ou machines stratégiques, des politiques de maintenance conditionnelle; l'intervention est conditionnée non plus par un échéancier mais par la mesure d'un paramètre de fonctionnement représentatif de l'usure ou de la dégradation de différents composants.

Les techniques de maintenance conditionnelle sont nombreuses (analyse de vibrations, d'huiles, thermographie, etc.) et sont au cœur d'une approche nouvelle pour la maintenance : moins de gestion comptable centralisée et plus de recherche de la disponibilité optimale des équipements de production, dans les ateliers.

Ces techniques se diversifient au rythme des progrès dans les méthodes de mesure et dans l'élargissement des technologies employées en production : elles constituent aujourd'hui un pan non négligeable de l'offre française en maintenance industrielle au travers de diverses entreprises de service. Un ouvrage pratique de vulgarisation de celles-ci auprès des entreprises, en particulier les PME, s'imposait donc avant que ne soient finalisés des travaux plus fondamentaux, support à des formations sur ces sujets.

Que l'initiative de la rédaction de cet ouvrage revienne à un ingénieur CESI est en soi révélateur.

Bertrand GIRARD
Secrétaire général
du Comité National de la Maintenance

ouvrages publiés sur le thème de la maintenance

Fiabilité, maintenabilité, disponibilité

Édition 1986. Recueil de normes.

Maîtriser la **disponibilité** de ses équipements, c'est appréhender avec rigueur ses investissements et ses coûts d'exploitation. Proposer des produits performants au meilleur prix, c'est prendre en compte dès la conception des produits, l'étude de leurs caractéristiques de **fiabilité et de maintenabilité**.

Mais ces objectifs n'ont de réel intérêt que s'ils sont conjugués et recherchés simultanément. Telles sont les grandes lignes des normes de ce recueil.

568 pages — code commande 321 60 21 — Prix HT 550 F

Maintenance industrielle

Édition 1986. Recueil de normes.

Problème bien connu des industries à coûts de défaillances élevés, la maintenance industrielle s'impose désormais à toute entreprise soucieuse d'accroître sa productivité.
Les normes de ce recueil ont été mises au point afin d'aider concrètement tous les partenaires intéressés dans la mise en œuvre de la maintenance ; concepteurs et constructeurs de matériels, d'une part, chefs d'entreprise, responsables de la gestion de la production et responsables maintenance et entretien, d'autre part.

528 pages — code commande 321 61 21 — Prix HT 550 F

Industrial maintenance

Édition 1987. Recueil de normes.

Ce recueil rassemble les différentes normes françaises de maintenance dans leur traduction anglaise.
Il répond au besoin de faire connaître par un plus grand nombre de pays les savoir-faire et les bonnes pratiques industrielles dégagés en France autour des préocupations de maintenance (formation, documentation technique, inspection et contrôle, pièces de rechange, conseil et ingenierie, travaux de maintenance).
Il constitue également une base de dialogue fructueux entre la France et de nombreux pays nouvellement industrialisés sur les thèmes fondamentaux de coopération technique, avec pour objectif la montée en production et le déblocage des économies.

Code commande 321 62 11 E — Prix HT 1 100 F

Documents d'exploitation et de maintenance

Édition 1984. Collection "Guides de l'utilisateur".

Fiches techniques, schémas fonctionnels, instructions d'installation et d'utilisation, catalogues des pièces détachées, etc. Autant de documents d'exploitation et de maintenance que d'industriel doit élaborer pour informer l'acheteur des caractéristiques et des conditions d'emploi des biens qu'il produit.
Le propos de ce guide est de fournir toutes les données indispensables à la réalisation de documents de qualité.

111 pages — code commande 346 63 11 — Prix HT 91,59 F

Comment réussir votre maintenance

Édition 1986. Collection "Guides de l'utilisateur".

Longtemps considérée comme une fonction subalterne, improductive et coûteuse, la maintenance s'impose désormais comme un véritable outil d'amélioration de la qualité des produits et de réduction des coûts. Il ne s'agit plus aujourd'hui de réparer quand survient la panne ; il faut la prévenir. Apportant des réponses précises aux questions essentielles que pose la maintenance, ce guide pratique constitue une aide concrète pour les entreprises soucieuses de gérer efficacement leurs équipements industriels.

184 pages — code commande 346 65 11 — Prix HT 110,28 F

Contrats de maintenance

Édition 1984. Collection "Guides de l'utilisateur".

Ce guide pratique fournit des réponses claires aux questions techniques et commerciales que pose la maintenance : comment évaluer ses besoins ? Comment choisir un sous traitant en maintenance ? Quel contrat adopter ? Comment le conclure dans de bonnes conditions ?

93 pages — code commande 346 62 11 — Prix HT 91,59 F

La TPM, nouvelle vague de la production industrielle.

Par S. NAKAJIMA
Édition 1987 Collection Afnor Gestion.

Le spécialiste japonais de la maintenance, raconte comment des entreprises japonaises, défiant le zéro panne et le zéro défaut, ont amélioré de 50 % leur productivité grâce à la TPM.

Code commande 346 51 11 — Prix HT 160,74 F

FORMATION :

2 STAGES GÉNÉRAUX

- **Comment maîtriser la disponibilité des équipements dès la conception** - 4 jours
Maintenabilité, fiabilité, disponibilité.

- **Comment améliorer l'efficacité de la maintenance** - 4 jours
Méthodes et outils pour optimiser la maintenance de l'outil de production.

4 STAGES SPÉCIFIQUES

- **Le contrat de maintenance** - 3 jours
Toutes les clauses techniques, juridiques et financières.

- **La gestion des rechanges** - 3 jours
Les techniques et les outils pour une gestion efficace des pièces détachées.

- **Méthodes pour établir la documentation technique de maintenance** - 3 jours
Les méthodes pour élaborer une documentation complète nécessaire au suivi, à la conduite et à la maintenance d'un bien durable.

- **Comment informatiser la maintenance** - 4 jours (2 fois 2 jours)
Une démarche pour optimiser l'information de la maintenance.

afnor
association française de normalisation
Tour Europe - Cedex 7
92080 Paris La Défense
Tél. : 33 (1) 42 91 55 33
Télex : AFNOR 611974 F

Pour en savoir plus

☎ 42.91.55.28

Avant-propos

Les guides de l'utilisateur ont pour ambition d'apporter aux responsables d'entreprise des outils d'information d'une lecture simple, rapide qui leur permettent de passer directement de la réflexion à l'action.

Dans cette collection, trois ouvrages ont déjà été publiés sur la maintenance :

- Comment réussir votre maintenance
- Contrats de maintenance
- Documents d'exploitation et de maintenance

Un guide sur la maintenance conditionnelle est la suite logique de cette série puisqu'elle donne au responsable maintenance les outils et les moyens de suivre son matériel (étude de vibrations, analyse des huiles, systèmes experts, ...), d'en diagnostiquer l'état de fonctionnement, d'en dépister les pannes et donc d'en prolonger la vie.

Où s'adresser à l'AFNOR

- **AFNOR-PARIS**

Tour Europe, cedex 07,
92080 PARIS-LA DEFENSE
Tél. : (1) 42.91.55.55
Télex : TLX 611974F
Télécopie : (1) 42.91.56.56

- **DÉLÉGATIONS RÉGIONALES DE L'AFNOR**

— **Sud-Ouest/Mérignac**
«Espace Kennedy» — Hall 2
Avenue du Président J.-F. Kennedy
33700 MÉRIGNAC
Tél. : 56.34.82.03

— **Nord/Lille**
19, rue des Ponts-de-Comines
59042 LILLE CEDEX
Tél. : 20.06.29.31

— **Rhône-Alpes - Auvergne/Lyon**
70, rue Maurice-Flandin
69003 LYON
Tél. : 72.33.27.32

— **Méditerranée/Marseille**
Maïson de l'Entreprise
35, rue Sainte-Victoire
13006 MARSEILLE
Tél. : 91.37.14.70

— **Est/Nancy**
26 bis, rue Sainte-Catherine
54000 NANCY
Tél. : 83.32.95.34

— **Ouest/Nantes**
22, rue Paul-Ramadier, Ile Beaulieu
44200 NANTES
Tél. : 40.47.43.00

Sommaire

Comité National de la Maintenance

Tour Europe - Cedex 7 - 92080 Paris-La-Défense
Secrétariat Général : Tél. (1) 42.91.56.76 / 42.91.56.79

Objectifs et Réalisations des Commissions

Diffuser des arguments économiques pour sensibiliser et convaincre

Au sein de la commission « Économique », un groupe de travail expérimente avec différentes entreprises :

- un modèle de détermination des coûts de non-maintenance par référence à l'hypothèse théorique « zéro défaillance »
- une méthode d'analyse/diagnostic de ces coûts sur les équipements clefs
- des grilles d'analyse des coûts de maintenance et non-maintenance.

Ces outils seront progressivement vulgarisés vers les entreprises, en particulier via l'organisation de colloques maintenance en association avec les grands secteurs économiques (mécanique, agroalimentaire...) et leur diffusion au travers de différents supports (ouvrages, stages, logiciels).

Mettre à disposition des outils pour maîtriser les disponibilités en production

Au sein de la commission « Technique », cinq groupes de travail étudient les modalités de transfert de savoir-faire vers les petites entreprises sur des thèmes tels que la maîtrise de la fiabilité en conception, pour les PME participant aux grands programmes d'équipement à l'exportation, la maîtrise de l'usure, science qui a encore peu franchi les portes des usines, l'inventaire et l'analyse des aides aux diagnostics de toute nature qui permettent de réparer ou de corriger plus vite la panne, la formalisation et la diffusion de savoir-faire concernant les méthodes de maintenance (préparation, ordonnancement, etc.) et enfin la réalisation de documentations techniques standard de maintenance pour des équipements industriels répandus.

L'ensemble de ces travaux devrait faire l'objet d'une série de guides professionnels attractifs.

Contribuer à l'élaboration de nouvelles stratégies de formation et d'organisation

Au sein de la commission « Organisation et Formation », et malgré les vicissitudes liées à la diversité des acteurs, s'élabore un cahier des charges permettant à une entreprise de choisir et de négocier un programme de formation adapté à ses besoins spécifiques. En outre, une réflexion de fond est menée concernant les nouvelles stratégies d'organisation des entreprises et la place de la fonction maintenance, dans le cadre d'une démarche productique par exemple. Ces réflexions, ainsi que celles en cours dans le cadre du groupe « classification », devraient faire l'objet d'animations régionales.

Redéployer l'offre française en maintenance

Au sein de la commission « Internationale », a été mené un recensement structuré de l'offre française en matière de maintenance industrielle et qui va être largement diffusé par la première édition d'un annuaire. Cette commission est aussi l'instance au travers de laquelle s'élabore et s'exprime de façon homogène une position française lors de manifestations telles que la consultation ONUDI sur la formation de la main-d'œuvre à la maintenance industrielle. Les premiers travaux d'identification des travaux des pays en voie de développement économique, en termes de maintenance et d'exploitation industrielles, sont en cours. Ils pourraient être à l'origine de la réalisation d'une base de données d'information, déjà ébauchée avec les études en provenance de sept postes d'expansion économique.

Les différentes politiques de maintenance

1

Maintenir pour mieux produire.

1. La maintenance : Généralités

1.1. Définition générale

La maintenance est définie comme étant « l'ensemble des actions permettant de maintenir ou de rétablir un bien dans un état spécifié ou en mesure d'assurer un service déterminé ».

Norme AFNOR X 60-010

Maintenir c'est donc effectuer des opérations (dépannage, graissage, visite, réparation, amélioration, etc.) qui permettent de conserver le potentiel du matériel pour assurer la continuité et la qualité de la production.

Maintenir ⇨ état de stabilité

Bien maintenir, c'est assurer ces opérations au coût global optimum.

1.2. Les différentes formes de maintenance

A chaque forme de maintenance ses principes.

Il existe 3 types principaux de maintenance

- la maintenance corrective
- la maintenance systématique } maintenance préventive
- la maintenance conditionnelle } maintenance préventive

Ils peuvent être schématisés par le synoptique suivant :

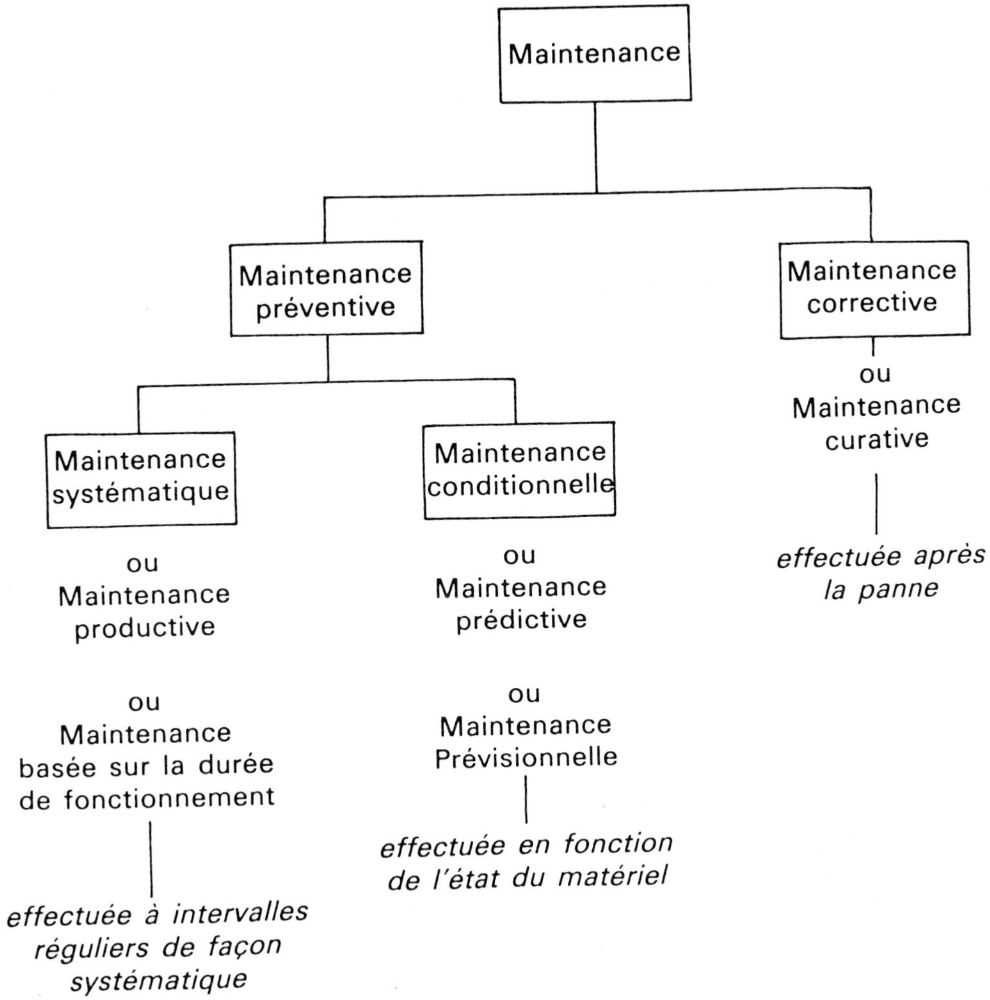

Les différentes formes de maintenance

Une maintenance qui remet en état...

2. La maintenance corrective
(appelée parfois maintenance curative)

2.1. Définition

Il s'agit d'une « maintenance effectuée après défaillance »

Norme AFNOR n° X 60-010

C'est une politique de maintenance (dépannage ou réparation) qui correspond à une attitude de réaction à des événements plus ou moins aléatoires et qui s'applique après la panne. Ce qui ne veut pas dire obligatoirement que celle-ci n'a pas été « pensée ». C'est un choix politique de l'entreprise qui malgré tout, nécessite la mise en place d'un certain nombre de méthodes qui permettent d'en diminuer les conséquences :

- Analyse des modes de défaillance, de leurs effets et de leur criticité (AMDEC), méthode permettant de mettre en évidence de façon prospective un certain nombre d'organes ou de machines critiques pour la sécurité ou la fiabilité d'un système après inventaire des défaillances élémentaires possibles
- Installation d'éléments de secours (redondance de matériels)
- Utilisation de technologies plus fiables

... mais ne prévient pas la casse.

- Recherche de méthodes de surveillance les mieux adaptées aux points névralgiques (capteurs intégrés...)
- Utilisation de méthodes de diagnostics de pannes plus rapides (arbre des causes de défaillances, historique des pannes, systèmes experts...)

2.2. Courbes caractéristiques des coûts

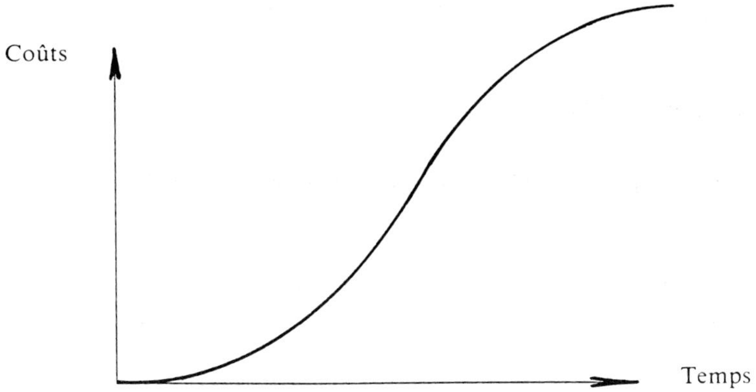

Les coûts augmentent de façon brutale avec l'âge des appareils

Courbe coûts de réparation d'un parc machines en maintenance corrective

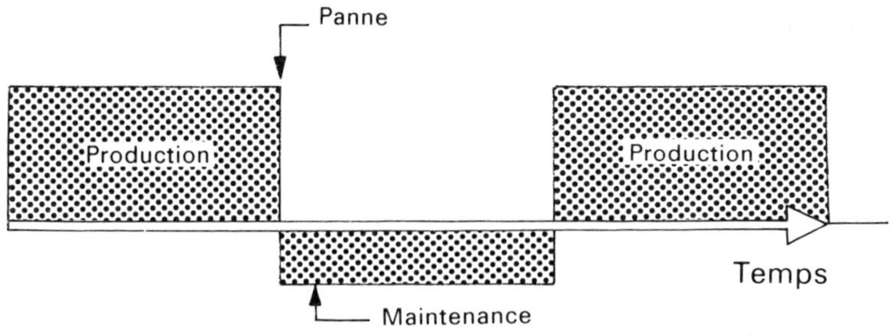

Courbe représentant l'arrêt de production dû à la panne

La panne, non prévue, se traduit par un arrêt brusque et inopiné de la production.

Des conséquences qu'il faut maîtriser.

2.3. Importance de la panne

Dans ce type de maintenance, la panne se traduit pour l'exploitant par une hantise de l'arrêt de production et pour le service entretien par une mobilisation brutale en vue de « faire face ».

Les exploitants et l'entretien doivent donc définir, en collaboration, une stratégie et mettre en place les parades citées page 12.

A retenir

La maintenance corrective devra s'appliquer automatiquement aux défaillances complètes et soudaines (défaillances catalectiques), comme par exemple la rupture brusque d'une pièce mécanique, ou le court circuit d'un système électrique. Hormis ce cas, ce type de maintenance sera réservé à du matériel peu couteux, non stratégique pour la production, et dont la panne aurait peu d'influence sur la sécurité.

Mieux vaut prévenir...

3. La maintenance systématique

Définitions :

Maintenance préventive : « Maintenance effectuée selon des critères prédéterminés, dans l'intention de réduire la probabilité de défaillance d'un bien ».

Norme AFNOR X 60-010

Maintenance systématique : « Maintenance préventive effectuée selon un échéancier établi en fonction du temps ou du nombre d'unités d'usage ».

Norme AFNOR X 60-010

Maintenance productive : « Expression d'origine américano-japonaise qui définit un type de maintenance préventive systématique organisée à partir d'un programme de production.

Dans cet ouvrage nous engloberons la maintenance productive, terme non consacré, dans la maintenance systématique. Celle-ci définira donc un type de maintenance préventive (avant panne) agissant par des interventions systématiques, effectuées selon un calendrier préétabli, en fonction de la nature du matériel et des impératifs de production.

3.1. Pratique de la maintenance systématique

L'entretien intervient à intervalles fixés sur la base du minimum de vie des composants donné par l'expérience ou par le constructeur. Ces intervalles sont souvent déterminés statistiquement comme étant la période (à partir de l'état neuf ou rénové) à la fin de laquelle le taux de pannes cumulées d'un type de machines n'excède pas 2,5 %. C'est pourquoi ce type de maintenance est aussi appelé maintenance préventive basée sur la **durée de fonctionnement.**

... que guérir.

3.2. Courbes caractéristiques des coûts

Le tribut à payer, pour assurer la disponibilité de l'outil de production, diminue avec le temps lorsqu'on lui soustrait le coût des réparations évitées

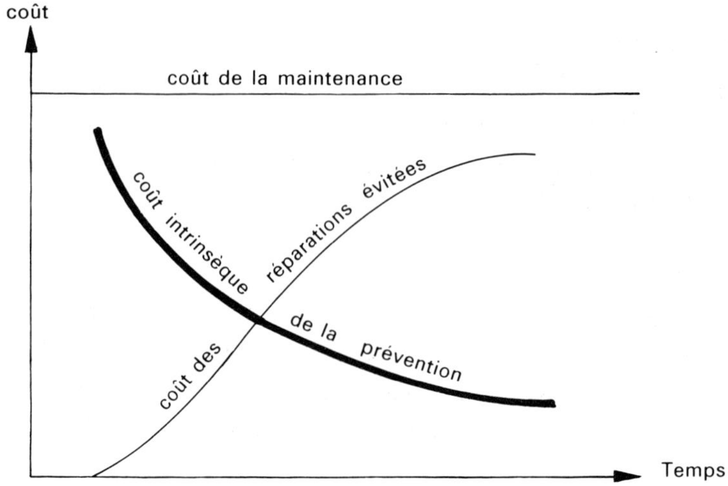

coût prévention = coût maintenance – coût des réparations évitées

Courbe coûts de maintenance systématique

L'arrêt est prévu et programmé

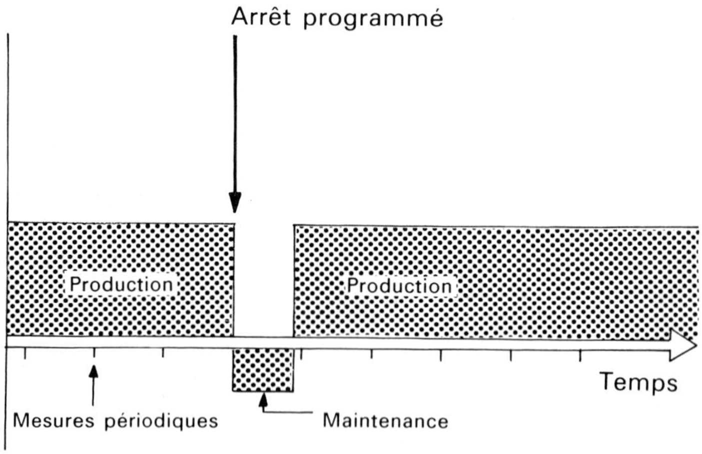

Courbe représentant l'arrêt de production dû à la panne

Arrêts planifiés, mais le systématique coûte cher.

3.3. Avantages et inconvénients

Avantages :

- Le coût de chaque opération est prédéterminé et la gestion financière du service en est facilitée.
- Les opérations et les arrêts sont programmés en accord avec la production.

Inconvénients :

- Le coût des opérations est élevé car la périodicité est calée sur la durée de vie minimum d'un composant.
- L'intervention est anticipée pour rester en phase avec d'autres arrêts (électriques, nettoyage, congés, production...).
- Le démontage même partiel d'un appareil incite aux changements de pièces par précaution.
- La multiplicité des opérations de démontage accroit le risque d'introduction de nouvelle pannes « de jeunesse ».

3.4. Exemples de maintenance systématique

- **La vidange d'huile d'un véhicule**

Soit, ci-après, la courbe caractéristique du nombre de véhicules identiques d'un parc, dont l'huile moteur atteint strictement (ni plus ni moins) un taux de dégradation nécessitant une vidange. Cette courbe est basée sur l'observation de la moyenne et de l'écart type qui servent le plus souvent de référence pour déterminer la périodicité des opérations en maintenance systématique :

Un exemple de la vie quotidienne...

... intéressant à méditer.

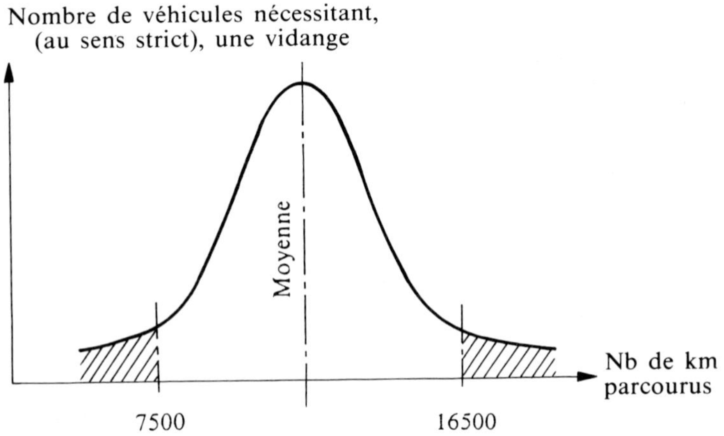

Le constructeur fixe la vidange à 7 500 km mais l'on constate que :

- Seulement 2,5 % des véhicules en ont réellement besoin à 7 500 km
- La plupart des véhicules auraient pu atteindre 12 000 km
- Quelques-uns même auraient pu aller jusqu'à 16 500 km

Et pourtant par sécurité, dans ce type de maintenance, **tous les véhicules seront vidangés** à 7 500 km.

- **Le remplacement systématique de roulements**

Pour minimiser le risque de panne...

De même, sur la courbe de probabilité des défaillances d'un roulement en fonction de la durée de fonctionnement,...

... on jette du matériel en bon état.

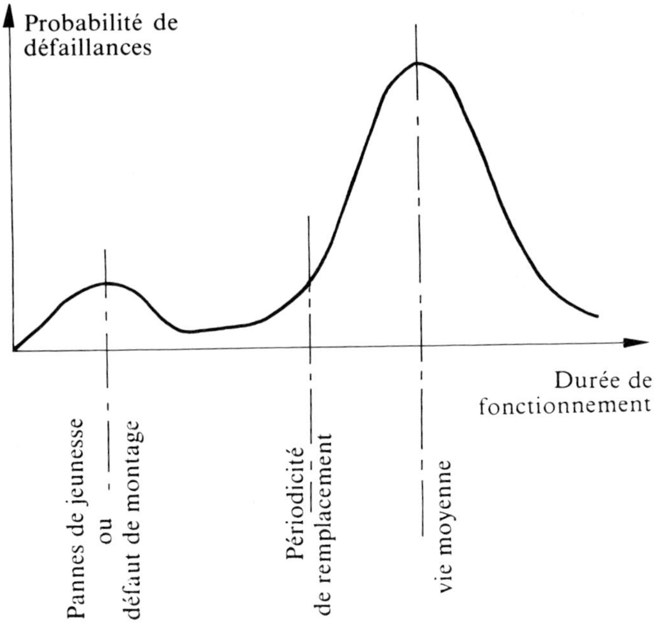

... on s'aperçoit que la périodicité de remplacement étant déterminée pour que le risque de défaillances soit très faible, de nombreux roulements (ou autres pièces), qui auraient pu tourner beaucoup plus longtemps, sont gaspillés.

A retenir

Ce type d'entretien préventif n'évite pas, de façon certaine, la « casse ».

Il coûte **cher** puisque l'on jette les organes qui n'en sont qu'à la moitié, voire au tiers de leur vie potentielle.

De plus, il se trouve que le taux de pannes de beaucoup de machines n'est pas toujours amélioré par le remplacement périodique de pièces usées. Parfois même, au contraire, (10 à 15 % des cas) la fiabilité des machines après remontage se trouve réduite du fait d'erreurs humaines ou de fragilité de jeunesse des nouveaux appareils installés.

La répartition future des pannes de chaque machine étant inconnue, ce type de maintenance est souvent inefficace. Son intérêt probant par rapport à la maintenance corrective sur les coûts de production lui ont valu de belles années, mais aujourd'hui :

- Le **remplacement systématique du matériel doit disparaître** progressivement sauf pour du petit matériel peu coûteux (graissage, filtres, joints, petites pièces...).
- L'auscultation périodique par démontage partiel ou complet, aujourd'hui encore très répandue, **doit céder la place à des méthodes de maintenance conditionnelle.**

Une maintenance « intelligente ».

4. La maintenance conditionnelle

4.1. Définitions

La maintenance conditionnelle :

Maintenance préventive subordonnée à un type d'événement prédéterminé (autodiagnostic, information donnée par un capteur, mesure d'une usure, etc.) révélateur de l'état de dégradation d'un bien.

Norme AFNOR n° X 60-010

La maintenance prédictive (ou prévisionnelle) :

Expression d'origine américaine définissant un type de maintenance conditionnelle permettant de réajuster les prévisions d'opérations de maintenance à effectuer, en *estimant la tendance évolutive du disfonctionnement* éventuel détecté sur un appareil et *le temps pendant lequel il est possible de continuer à l'utiliser* avant la panne. Ces estimations se font à partir des analyses périodiques de l'état de chaque équipement obtenues par les méthodes de la maintenance conditionnelle et l'utilisation de modèles d'usure. Cette expression ou ce type de maintenance n'étant pas encore consacrés ou normalisés et faisant l'objet de définitions parfois différentes selon les utilisateurs, nous l'engloberons (dans cet ouvrage), dans le terme général de maintenance conditionnelle.

Choisir de faire de la maintenance conditionnelle signifie que l'on interviendra sur une machine de façon conditionnelle, c'est-à-dire uniquement si certains paramètres évoluent de façon significative.

En prenant l'exemple simple des garnitures de freins sur une automobile, le propriétaire fera :

- de la maintenance corrective s'il attend de ne plus avoir de freins pour changer ces garnitures;
- de la maintenance systématique s'il décide de les changer tous les 20 000 km;
- de maintenance conditionnelle s'il attend qu'un témoin d'usure placé à l'intérieur de ces garnitures lui signale, par un voyant lumineux sur le tableau de bord, qu'il doit dans un délai restreint, en envisager l'échange.

N'intervenir que si nécessaire.

Suivre l'évolution de « l'anomalie ».

4.2. Pratique de la maintenance conditionnelle

Un démontage, un remplacement coûtent cher en temps et en perte de production. La pratique de la maintenance conditionnelle consiste à ne changer l'élément que lorsque celui-ci présente des signes de vieillissement ou d'usure mettant en cause, à brève échéance, ses performances. La maintenance conditionnelle (appelée aussi parfois maintenance suivant état de fonctionnement) comporte trois phases :

- la détection du défaut qui se développe;
- l'établissement d'un diagnostic;
- l'analyse de la tendance.

• La détection du défaut qui se développe

A la mise en route de chaque équipement, les principales caractéristiques de base des appareils sont enregistrées, notamment la signature vibratoire (s'il y en a une) et les divers paramètres de fonctionnement (température, performances...).
Ces caractéristiques ou signature, serviront de référence pour suivre, par comparaison, l'évolution d'éventuels défauts ultérieurs.

• L'établissement d'un diagnostic

Dès qu'une anomalie est détectée par les outils que nous verrons dans le prochain chapitre, le responsable d'entretien aura la charge d'établir, dans la mesure du possible, un diagnostic concernant l'origine et la gravité du défaut constaté.

• L'analyse de la tendance

Etablir un diagnostic avant de programmer la réparation.

L'établissement du diagnostic permet à l'ingénieur de préjuger du temps dont il dispose, avant la panne, pour laisser l'appareil fonctionner sous surveillance renforcée et prévoir la réparation.

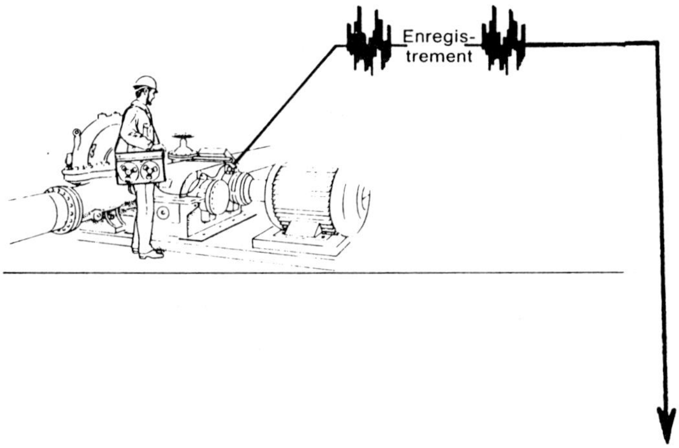

De la recherche du défaut

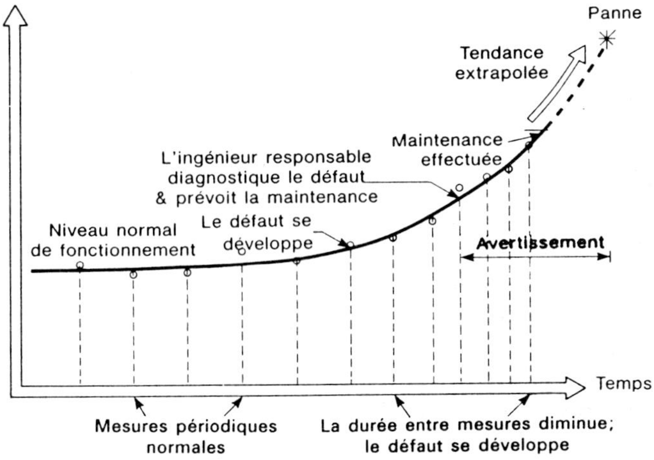

à son analyse

Non au coût de la panne !

4.3. Bilan financier de la maintenance conditionnelle

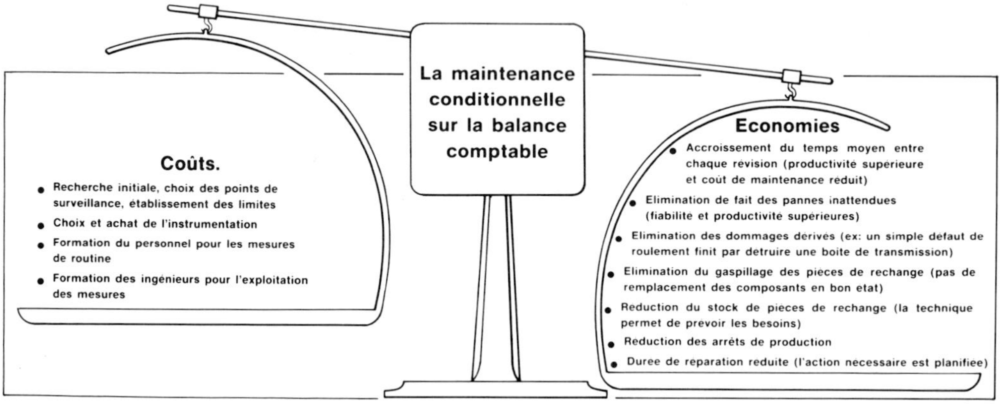

L'ingénieur de maintenance aura pour tâche d'évaluer le rapport coût/bénéfice des opérations nécessaires à la mise en place d'une maintenance conditionnelle spécifiquement adaptée à **son** outil de production. La figure ci-dessus met en lumière quelques-uns des facteurs essentiels à considérer.

C.Q.F.D.

A retenir

Comme nous le verrons dans le chapitre 5 (page 113) cette forme de maintenance a des limites mais aussi de gros atouts. Elle doit s'appliquer à toute machine ou appareil dont le fonctionnement conditionne le processus de production, se substituer à la maintenance corrective pour la maintenance de toute machine dangereuse, coûteuse ou vitale pour la production et remplacer la maintenance systématique pour la plupart des opérations importantes ou nécessitant un arrêt de production.

Voir tableaux pages 26 et 27

La maintenance conditionnelle est employée avec succès dans les industries à processus continus depuis une dizaine d'années. Les raffineries et les industries chimiques ont rapidement adopté cette technique et en tirent des économies substantielles dues à une plus grande disponibilité des appareils et à l'augmentation de production correspondantes.

La **maintenance conditionnelle devrait s'étendre** à la plupart des entreprises de production ou d'exploitation. Les exemples de succès sont nombreux, et l'intérêt de pouvoir détecter rapidement les anomalies — **sans même devoir démonter l'appareil** — ainsi que de pouvoir **prévenir la panne** et en **prévoir la réparation** le plus tard possible — **en fonction des impératifs de production** —, en font aujourd'hui un outil efficace de maintenance moderne, permettant, dans bien des cas, une augmentation perceptible de la productivité de l'entreprise.

Synoptique récapitulatif

Type de maintenance	Maintenance corrective	Maintenance systématique	Maintenance conditionnelle
Conditions d'intervention	Fonctionnement jusqu'à la rupture	Basée sur l'estimation de la durée de vie moyenne des composants de la machine	Intervention conditionnée par la dérive d'un paramètre significatif
Aide au diagnostic	Les outils utilisés ne servent qu'à déterminer la cause de la panne		Les outils permettent l'analyse de l'évolution des paramètres de fonctionnement
Applications	• Machine doublée • Panne « acceptable » • Panne imprévisible	• Opérations de graissage • Vérifications périodiques obligatoires • Petites pièces d'usures • Impossibilité d'obtention de mesures fiables	• Machine stratégique • Machine « à problème » • Risque panne dangereuse

Les différentes formes de maintenance

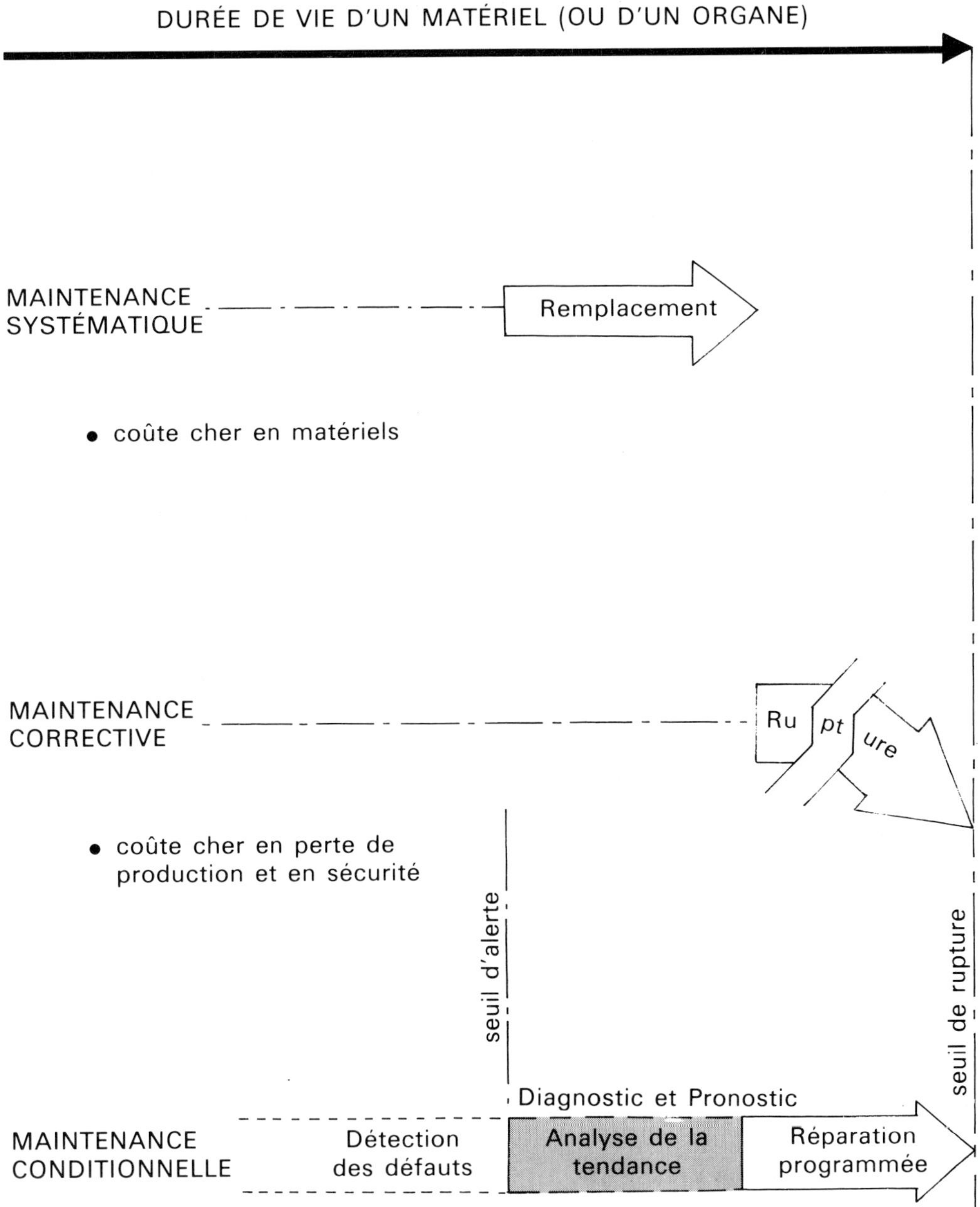

- optimise les coûts des matériels remplacés au plus près de la rupture
- augmente la productivité par la programmation des arrêts.

Les outils de la maintenance conditionnelle

2

L'augmentation de vibrations indique...

1. Les études des vibrations

Toutes les machines en fonctionnement produisent des vibrations. La détérioration du fonctionnement se traduit par une « modification de répartition de l'énergie vibratoire » conduisant le plus souvent à un accroissement du niveau des vibrations. En observant l'évolution de ce niveau, il est par conséquent possible d'obtenir des informations très utiles sur l'état de la machine.

L'utilisation des vibrations pour surveiller les machines n'est pas nouvelle — puisque les mécaniciens posaient autrefois leur tournevis sur un moteur pour en « écouter » les mouvements internes — mais ces techniques « sensitives » se sont aujourd'hui modernisées grâce à l'apparition de matériels nouveaux, au point de faire de l'étude des vibrations, un des outils les plus utiles à la maintenance moderne.

1.1. Généralités

Le principe de l'analyse des vibrations est basé sur l'idée que les structures de machines, excitées par des efforts dynamiques, donnent des signaux vibratoires dont la fréquence est identique à celle des efforts qui les ont provoqués; et la mesure globale prise en un point est la somme des réponses vibratoires de la structure aux différents efforts excitateurs. On peut donc, grâce à des capteurs placés en des points particuliers, enregistrer les vibrations transmises par la structure de la machine et, grâce à leur analyse, identifier l'origine des efforts auxquels elle est soumise.

De plus si l'on possède la « signature » vibratoire de la machine lorsqu'elle était neuve, ou réputée en bon état de fonctionnement on pourra, par comparaison, apprécier l'évolution de son état ou déceler l'apparition d'efforts dynamiques nouveaux, consécutifs à une dégradation en cours de développement.

... une détérioration du fonctionnement

La mesure d'une vibration transmise par la structure d'une machine sous l'effet d'efforts dynamiques sera fonction de multiples paramètres que l'on peut séparer en trois groupes :

Les 2ers groupes caractérisent les facteurs stables de la mesure.

1er groupe

- Masse, rigidité et coefficient d'amortissement de la structure qui véhicule les vibrations.
- Caractéristiques de fixation de la machine sur le sol qui oppose des réactions aux vibrations et en modifie l'intensité.
- Positionnement de la prise de mesure.

Ces éléments sont généralement regoupés sous le terme de **« fonction de transfert » caractéristique de la structure.**

2e groupe

- Position et fixation du capteur sur la machine.
- Caractéristiques du capteur.
- Préamplification et transmission du signal.
- Performance de l'appareil analyseur.

Ces paramètres concernent les **caractéristiques de la chaine de mesure** que l'on doit s'efforcer de rendre invariables d'une mesure à l'autre.

3e groupe

- Vitesse de rotation et puissance absorbée.
- Etat des liaisons de la chaîne cinématique (alignement, balourd, engrenages, roulements, etc.).

Remarque importante

Les éléments du 3e groupe sont en fait ceux qui sont directement liés à l'intensité des efforts dynamiques qui font naître la vibration, mais qu'il est impossible de mesurer directement, sans passer par l'amplification inévitable des paramètres des groupes 1 et 2.
Il convient donc de garder à l'esprit que les techniques d'analyses des vibrations ne donnent pas l'intensité intrinsèque d'une force parasite, révélatrice d'un défaut, mais **permettent d'en suivre l'évolution.**

C'est pourquoi, il est plus facile d'effectuer un diagnostic en regardant l'évolution dans le temps des mesures relevées, que de s'attacher à l'étude d'une mesure isolée, très difficile à interpréter.

Le 3e groupe caractérise l'effort dynamique que l'on cherche à évaluer.

Trois natures de vibrations...

1.2. Nature des vibrations

Les vibrations mécaniques sont des mouvements oscillant autour d'une position moyenne d'équilibre. Ces mouvements oscillants, caractéristiques de l'effort qui les génère, peuvent être, soit **périodiques,** soit **apériodiques (transitoires ou aléatoires)** selon qu'ils se répètent ou non, identiquement à eux-mêmes après une durée déterminée.

- **Les vibrations périodiques** peuvent correspondre à un **mouvement sinusoïdal** pur comme celui d'un diapason ou, plus généralement, à un mouvement complexe périodique que l'on peut décomposer en une somme de mouvements sinusoïdaux élémentaires, plus faciles à analyser.

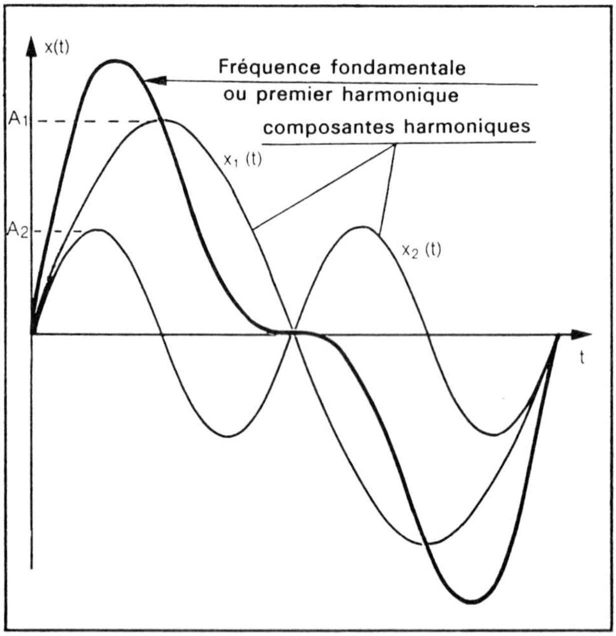

Mouvement sinusoïdal : harmonique et fondamental

... vibrations périodiques...

Les mouvements sinusoïdaux élémentaires sont appelés « composantes harmoniques » et leurs fréquences sont des multiples entiers de la fréquence du mouvement étudié qui est appelée « fréquence fondamentale » ou fréquence de l'harmonique d'ordre 1.

... transitoires...

- **Les vibrations transitoires** (comme par exemple la vibration provoquée par un marteau pilon), sont générées par des forces discontinues (chocs). Elles peuvent présenter ou non un aspect oscillatoire revenant à une position d'équilibre après amortissement. Lorsqu'il existe des oscillations, comme pour une structure qui vibre après un choc et pour laquelle le coefficient d'amortissement est faible, on dit qu'il y a amortissement **sub-critique,** et le mouvement est **pseudo-périodique.** Si l'amortissement est très important, la structure revient à sa position d'équilibre sans oscillation, on dit alors que l'amortissement est **sur-critique** et le mouvement est **apériodique.**

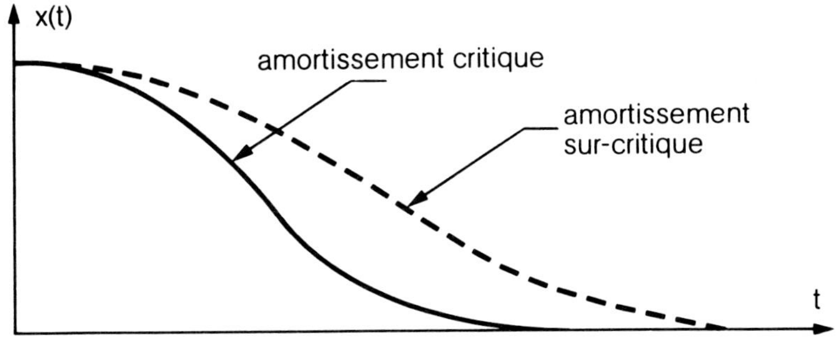

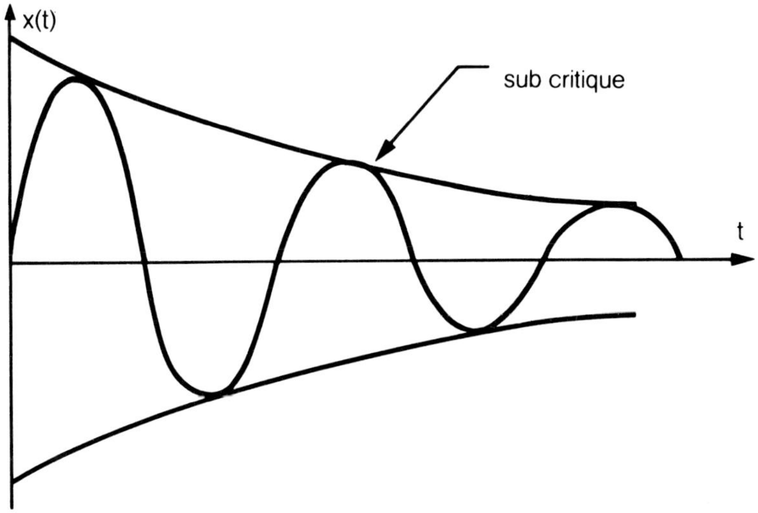

Ces deux types de mouvements transitoires peuvent être décrits par des fonctions mathématiques.

... aléatoires.

- **Les vibrations aléatoires** (comme par exemple la vibration générée par le phénomène de cavitation sur une pompe) sont caractérisées par un mouvement oscillant aléatoire qui ne se produit pas identiquement à lui-même comme les mouvements périodiques. Les vibrations aléatoires ne peuvent être représentées mathématiquement que par une série de relations de probabilités car il faudrait théoriquement un temps infini pour les analyser, mais on peut considérer que la fonction aléatoire est une fonction périodique dont la périodicité est égale à l'infini et que cette fonction est constituée d'une infinité de fonctions sinusoïdales dont la fréquence varie de façon continue.

Ces vibrations, caractéristiques, sont donc toutes identifiables et mesurables, et la tendance à l'accroissement de leur intensité est représentative de l'évolution de l'effort qui les génère, et révélatrice du défaut qui se développe.

Nature de la vibration	Forme temporelle	Forme spectrale	Exemples de phénomènes générateurs
Sinusoïdale	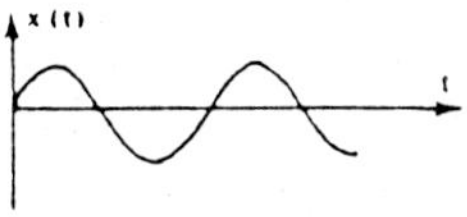		Balourd ($f = \Omega$, Ω = vitesse de rotation).
Sinusoïdale complexe	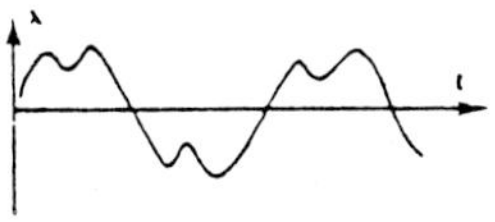	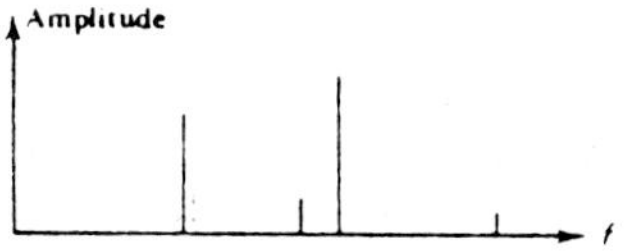	Composition d'efforts sinusoïdaux d'origines diverses et de fréquence quelconque. Efforts dynamiques d'engrènement ($f = n\Omega$, n étant le nombre de dents du pignon et Ω sa vitesse de rotation).
Transitoire	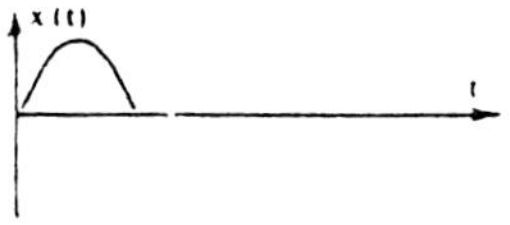	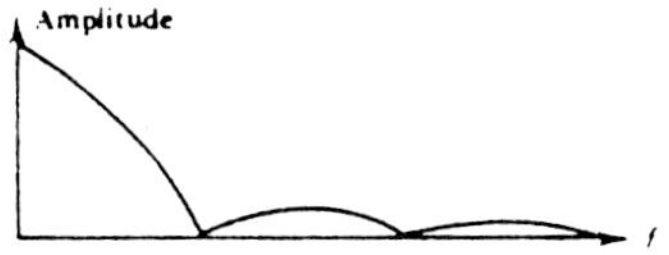	Explosions. Marteaux-pilons. Laminoirs.
Transitoire périodique	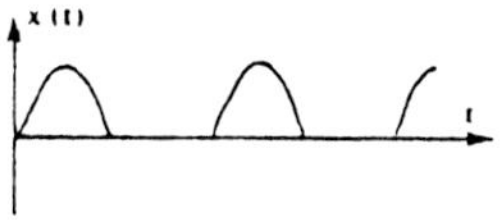		Presses automatiques. Cames.
Aléatoire	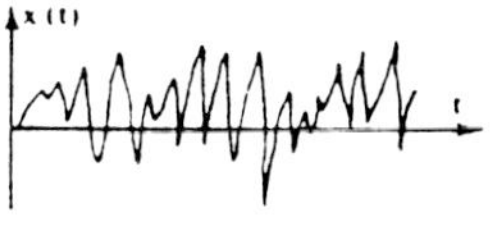	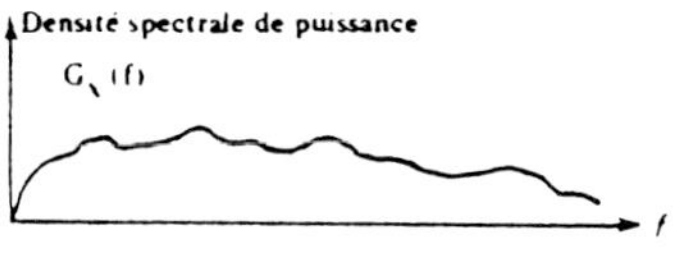	Oscillations de pression exercées sur une structure baignant dans un fluide en écoulement.

Différents types de vibrations et formes de représentation

Une seule forme de représentation du signal exploitable...

1.3. Représentation du signal vibratoire

1.3.1. Représentation spectrale (ou fréquentielle)

Le spectre est le concept fondamental de l'analyse en fréquence. C'est la représentation d'un signal dont l'amplitude ne serait plus donnée en fonction du temps mais en fonction de sa fréquence.

Si l'on décrit mathématiquement un signal sinusoïdal, nous obtenons :

$A(t) = A \sin(\omega_0 t + \varphi_0)$

où A est l'amplitude maxi du signal

ω la pulsation en rd/s ($\omega_0 = 2 \pi f_0$)

φ_0 la phase à l'instant t = 0.

Pour décrire complétement ce signal, il suffit de connaître :

A_0 amplitude maxi

f_0 fréquence du signal

φ_0 phase

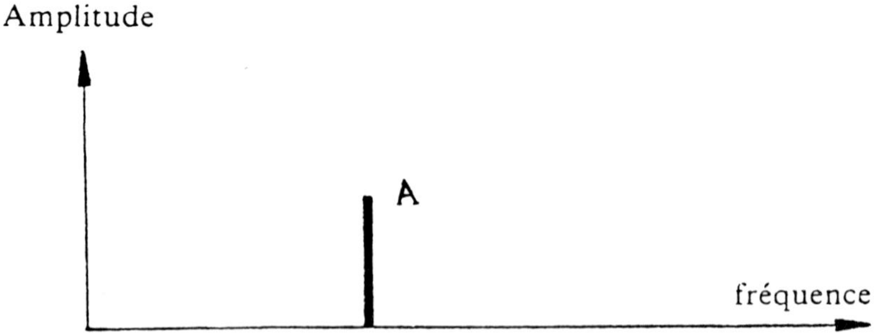

... la représentation spectrale.

Les limites des autres formes de représentation

Graphiquement on peut envisager 2 autres représentations de ce signal :

- vectorielle
- temporelle

A. Représentation vectorielle

Le signal (toujours en réel) est la somme vectorielle de deux vecteurs imaginaires tournant en sens inverse à la fréquence f_0 et d'amplitude $\frac{A_0}{2}$

A chaque instant t, les parties imaginaires des deux vecteurs s'annulent. Les parties réelles s'additionnent et valent ensemble : $2\,\frac{A_0}{2}\cos.\,(\omega_0 t + \varphi_0)$.

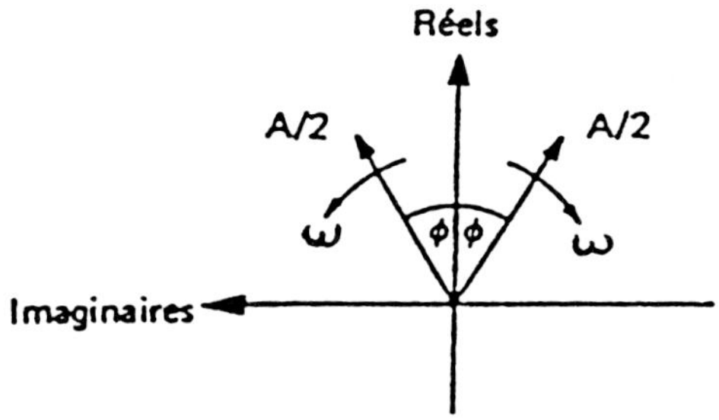

B. Représentation temporelle :

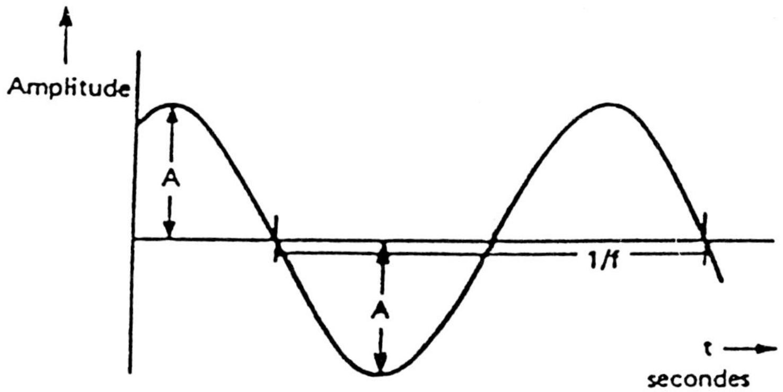

Nous avons vu précédemment que les vibrations périodiques, transitoires ou aléatoires, pouvaient toutes être décrites mathématiquement comme une succession de fonctions sinusoïdales. Le signal A (t) produit par ces vibrations peut donc être considéré comme la somme des amplitudes de chaque sinusoïde composante :

$$A(t) = A_0 \cos(\omega_0 t + \varphi_0) + A_1 \cos(\omega_1 t + \varphi_1) + \ldots A_n \cos(\omega_\nu t + \varphi_n)$$

et l'on s'aperçoit que ce signal devient vite inextricable pour un grand nombre de composantes. (A_1, A_2 ...).

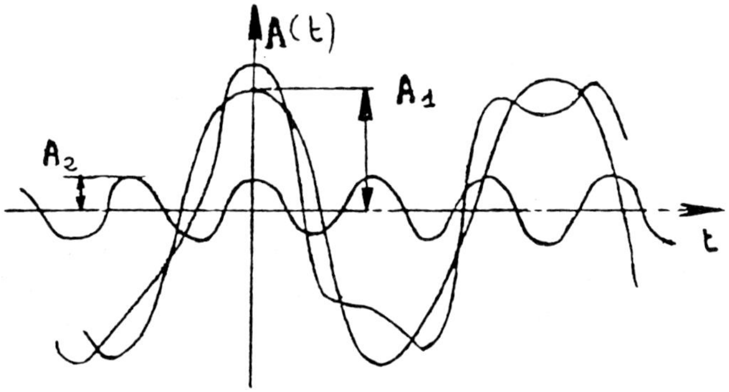

... en représentation temporelle

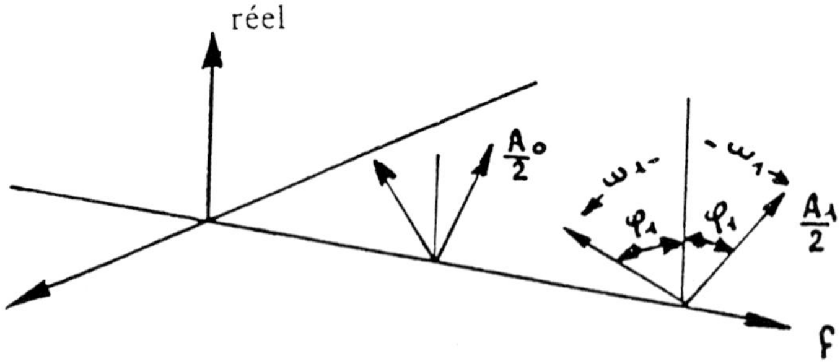

... comme en représentation vectorielle

... alors que, seul, le spectre en fréquences reste simple et exploitable.

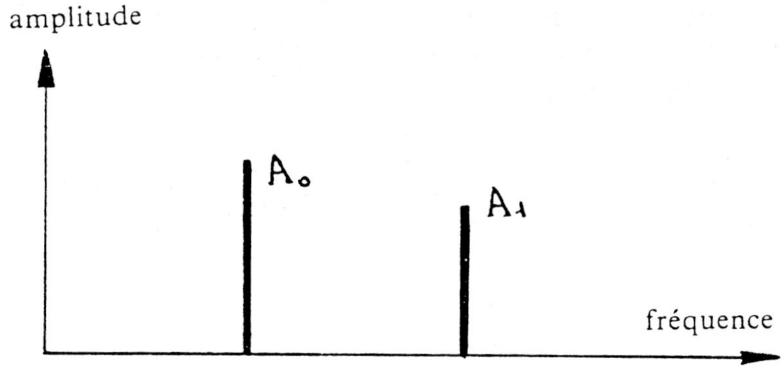

C'est pourquoi, **on étudie généralement les variations d'amplitude d'un signal en représentation fréquentielle plutôt qu'en représentation temporelle ou vectorielle.**

Plusieurs méthodes.

1.4. Méthodes d'étude des vibrations

Une onde vibratoire peut être étudiée par plusieurs méthodes qui correspondent à des niveaux différents de connaissance du phénomène et à l'utilisation de matériels d'analyse plus ou moins sophistiqués :

- Mesure de la valeur globale
- Technique de résonance
- Analyse spectrale autres types de représentation et d'analyse
  - cepstre
  - enveloppe
  - ...

1.4.1. Mesure de la valeur globale

La mesure de la valeur globale est une méthode approximative d'analyse du signal qui fait abstraction du paramètre fréquentiel pour ne mesurer que l'amplitude évaluée de différentes façons :

Voir schéma ci-contre

- en valeur crête à crête[1] c'est-à-dire en mesurant l'amplitude maximum de l'onde fondamentale, mesure utile par exemple lorsque le déplacement vibratoire d'une machine est critique en regard des contraintes de charge maximale ou de jeu mécanique.
- en valeur crête[2], mesure intéressante pour indiquer par exemple le niveau d'un choc de courte durée.
- en valeur efficace[3], mesure qui tient compte de l'évaluation de la valeur des composantes harmoniques et directement reliée au contenu énergétique de la vibration.

Une méthode approximative.

A noter que ces valeurs d'amplitudes d'utilité complémentaire peuvent représenter un déplacement, une vitesse ou une accélération, car vitesse et accélération sont aussi des fonctions sinusoïdales obtenues après dérivation de la fonction déplacement.

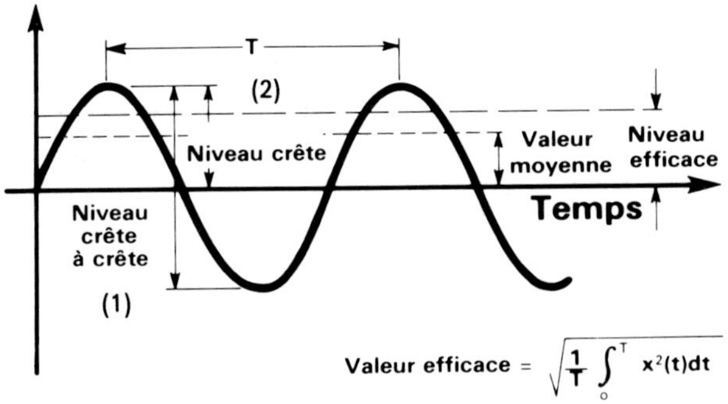

Signal simple

Valeur efficace $= \sqrt{\frac{1}{T}\int_0^T x^2(t)dt}$

Valeur moyenne $= \frac{1}{T}\int_0^T |x|\,dt$

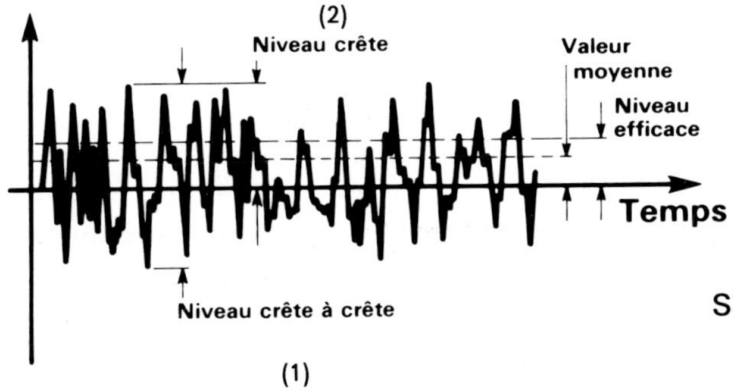

Signal complexe

Différentes manières de mesurer l'amplitude en valeur globale.

La normalisation définit...

Il existe des normes exprimant les valeurs limites (ou seuils) de l'intensité vibratoire d'une machine, telles que la norme AFNOR E 90-300 ou allemande VDI 2056 qui donnent des valeurs efficaces admissibles pour la vitesse de vibration des différents types de machines ou supports.

Critères vibratoires de sécurité

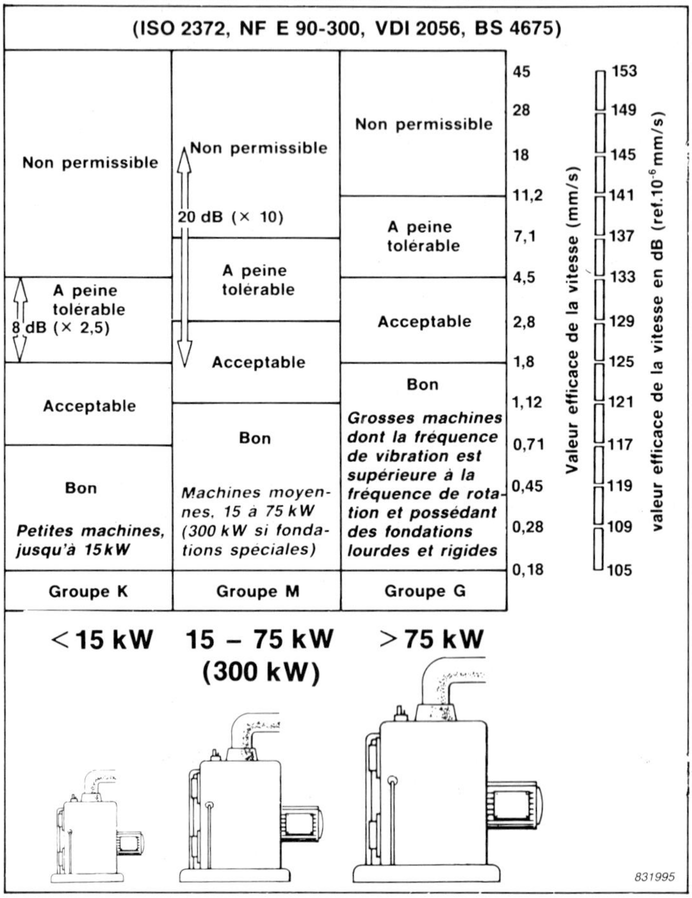

Ces normes présentent un intérêt incontestable pour la réception d'une machine neuve. Pour les machines en service, du fait de ce qui a été dit précédemment page 31 concernant l'incidence de la fonction de transfert, il sera plus judicieux de faire des comparaisons avec des valeurs relevées lorsque le matériel était neuf. Ici interviendra l'appréciation du responsable entretien qui fixera les seuils d'alarme en fonction de l'expérience qu'il aura acquise concernant ce type de matériel. Il pourra par exemple décider que telle machine aura un seuil d'alarme fixé à 6 décibels de la valeur de l'intensité vibratoire normale.

... des valeurs limites de vibrations admissibles.

1.4.2. Techniques de résonance utilisées pour le dépistage des défauts de roulements

Une méthode approximative spécifique aux défauts de roulements.

Les fréquences engendrées au-delà de 20 000 hz sont des fréquences dues principalement, sur une machine tournante, à un défaut de roulement ou d'engrenage, à l'exclusion des défauts de balourd, désalignement, problèmes électriques, forces hydrauliques et aérodynamiques.
La méthode de mesure par technique de résonance est donc basée sur l'utilisation d'un filtre éliminant les fréquences inférieures à 20 000 Hz et d'un capteur de vibrations dont la fréquence propre (ou résonance) est de l'ordre de 30 000 Hz et dont on mesure l'excitation ou « pointes d'énergie », ou « ondes de choc ».
La mesure de l'évolution de cette onde de choc, caractéristique des paliers défectueux permet de suivre avec précision l'état d'un roulement sans se préoccuper de la complexité de l'ensemble de la machine.
A noter que cette technique est valable pour des machines relativement calmes comme des moteurs électriques, mais plus aléatoire pour des pompes (qui ont des turbulences à hautes fréquences et des cavitations) ou pour des boites de vitesses complexes dont les harmoniques d'engrènement sont à haute fréquence.

1.4.3. Analyse spectrale (ou analyse en fréquence)

Comme nous l'avons vu, dans la plupart des mesures de vibrations, il est beaucoup plus aisé de travailler dans le domaine des fréquences que dans le domaine des temps.
De ce fait est née l'idée de l'analyse en fréquence (spectrale) où le signal amplitude/temps est converti en signal amplitude/fréquence.

Une méthode plus fine d'investigation, l'analyse spectrale.

Le spectre, outil de cette analyse, se présente sous forme d'un graphique montrant l'amplitude de la vibration à chaque fréquence.

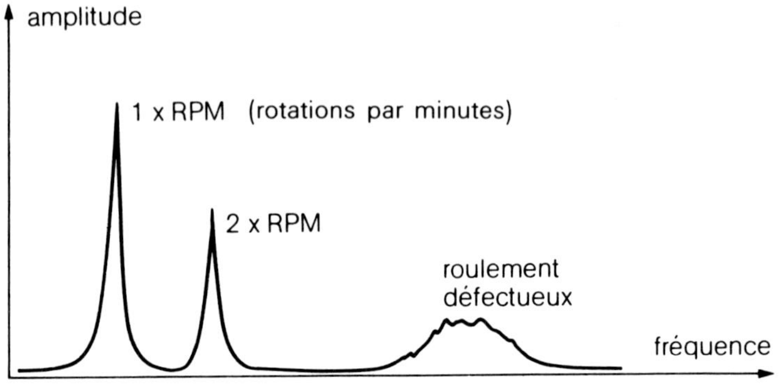

exemple typique du tracé d'un spectre

Voir utilisation de cette méthode page 88

Comme on le voit, dans un spectre, toutes les composantes du signal vibratoire sont représentées sous forme de « Pics » et l'on peut suivre individuellement une variation d'amplitude sans qu'il y ait, comme dans la mesure globale, d'effet de masque qui risque d'estomper la mise en évidence d'un défaut en développement.

A partir des caractéristiques d'une machine surveillée, et des fréquences auxquelles apparaissent les anomalies, il est donc possible, comme le montrent les tableaux ci-après représentant un ensemble moteur-multiplicateur-compresseur, de **détecter l'origine d'un défaut et d'en suivre l'évolution.**

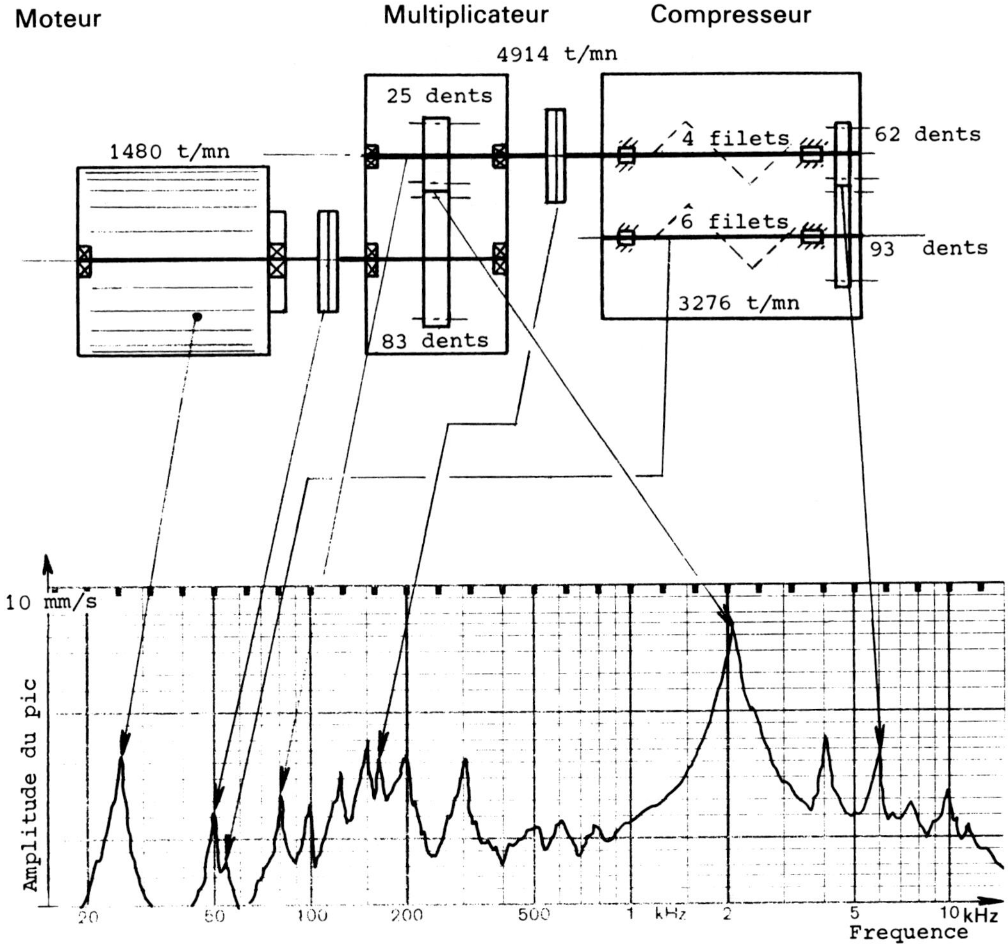

FRÉQUENCE DE LA VIBRATION EN HERTZ			
25	Fondamental rotor moteur.	328	Effet d'aubes des rotors du compresseur (engrènement).
50	Alignement moteur/multiplicateur.	656	Effet d'aubes des rotors du compresseur (harmonique).
54,6	Rotation vis entraînée du compresseur.	2 075	Engrènement roue/pignon du multiplicateur.
82	Fondamental vis motrice du compresseur et arbre G.V. du réducteur.	5 084	Enregistrement pignon/roue des 2 rotors du compresseur.
164	Alignement multiplicateur/compresseur.		

On voit bien à 2 075 hertz, un pic d'amplitude importante correspondant à la fréquence d'engrènement roue/pignon du multiplicateur, et significatif d'une anomalie probable.

Une aide à l'analyse spectrale

Dans certaines applications il est utile d'avoir une représentation différente du spectre.

- Le cepstre appelé aussi « analyse de quéfrence de gisnaux de chamines tournantes » est en quelque sorte le spectre du spectre et permet la détection des structures périodiques des spectres. Il est utilisé pour mettre en évidence les harmoniques et les bandes latérales des défauts d'engrenages et de roulements.
- L'analyse de l'enveloppe met en évidence une série d'impulsions marquées par un bruit de fond et mieux définies dans le domaine temporel que dans celui des fréquences. Ce type d'analyse est lui aussi utilisé dans la recherche de défauts de roulements ou d'engrenages.
- L'analyse synchro s'avère utile, par exemple en faisant la moyenne d'enregistrements de durée égale à 1 tour de pignon, pour éliminer les phénomènes relatifs à l'arbre de la roue menée et pour faire ressortir les phénomènes concernant la denture du pignon.
- Il existe enfin des représentations plus complexes mettant en évidence d'autres paramètres tels que les variations de phases, qui peuvent être aussi très riches en enseignements.

Nous étudierons plus en détail dans le chapitre 3 (page 83) — Mise en place d'une maintenance conditionnelle — le choix qu'il convient de faire entre ces méthodes pour l'utilisation envisagée.

1.5. Détection par l'analyse spectrale des principales anomalies

Les anomalies spectrales peuvent être classées en 3 catégories :

- Pics apparaissant à des fréquences multiples ou sous multiples de la vitesse du rotor
- Pics apparaissant à des vitesses indépendantes de la vitesse du rotor
- Densité spectrale provenant de composantes aléatoires de la vibration.

Trois catégories.

1.5.1. *Phénomènes provoquant des pics dont les fréquences sont liées à celle du rotor*

Typologie des anomalies liées aux fréquences de rotation.

Ce sont principalement les phénomènes de balourd, désalignement, de mauvais serrage mécanique, d'avaries d'engrenage, de tourbillonnement de film d'huile, d'excitation hydrodynamique, le mauvais état de courroie de transmission...

- **Phénomène de balourd**

C'est la cause de vibrations la plus commune et la plus fréquemment rencontrée. En dépit du soin apporté à la construction des rotors, il est impossible de les équilibrer parfaitement et il existe donc toujours une vibration à la fréquence de rotation dont l'amplitude est directement proportionnelle à l'importance du balourd et au carré de la vitesse de rotation.

Une modification brusque de l'amplitude correspond systématiquement à une modification du balourd dont l'origine peut-être une rupture ou la déformation d'une partie du rotor (ailettes de turbine par exemple). Si cette modification d'amplitude est plus lente, il peut s'agir d'une usure ou d'un encrassement de la partie tournante (suie, dépôt, etc.).
Le phénomène de balourd se caractérise par une vibration radiale importante à la fréquence de rotation.

- **Désalignement**

Un désalignement provoque des vibrations à la fréquence de rotation ainsi qu'aux harmoniques d'ordre 2, 3 et parfois 4 (double, triple ou quadruple de la fréquence de rotation et parfois même davantage en particulier pour les accouplements à denture où l'on rencontre les harmoniques liés au nombre de dents et à la fréquence de rotation). La composante axiale de la vibration est particulièrement importante pour l'harmonique d'ordre 2.

- **Mauvais serrage mécanique**

Lorsqu'un palier est desserré ou présente une possibilité de mouvement partiel dans le plan radial, il apparaît une vibration radiale à une fréquence égale à deux fois la vitesse de rotation. Cette vibration se produit sous l'effet du balourd initial et elle peut prendre une amplitude élevée en fonction du degré de desserrage du palier.

Du balourd au desserrage...

... des défauts d'engrenage...

• Avarie d'engrenage

Dans le phénomène d'engrènement, il se produit un choc chaque fois qu'une dent menante est en contact avec une denrée menée. Ceci génère une vibration dont la fréquence est égale à la vitesse de rotation du pignon multipliée par son nombre de dents. S'il y a déformation du profil de la denture, la fluctuation de la charge sur la ou les dents donne naissance à des fluctuations de vitesse et aboutit aussi à une modulation de fréquence (ou de phase). L'analyse spectrale de ce phénomène montre des bandes latérales situées de part et d'autre de la fréquence d'engrènement.

• Tourbillonnement de film d'huile (Oil Whirl)

Ce phénomène apparaît sur les paliers lisses faiblement chargés, lubrifiés en graissage hydrodynamique. Il se produit légèrement en-dessous de la moitié de la fréquence de rotation de l'arbre (de 0,42 à 0,48 fois la fréquence suivant les caractéristiques du palier).

Ceci, associé à un balourd du rotor et à une fréquence de résonance voisine de la vitesse de rotation, conduit au phénomène de fouettement du rotor (Oil Whip).

• Excitation hydrodynamique

Les variations de pression engendrées par les ailettes d'une turbine passant devant des ailettes fixes vont créer des vibrations dont la fréquence sera égale à la vitesse de rotation multipliée par le nombre d'ailettes tournantes et le nombre d'ailettes fixes.

• Courroie de transmission en mauvais état

Le mauvais état d'une courroie en « V » (variation de largeur, déformation) crée des variations de tension susceptibles d'induire des vibrations de fréquence égale à celle de la rotation de la courroie. Si les poulies ne sont pas bien alignées, il y aura une composante axiale importante à cette vibration.

... aux défauts de transmission.

Mais aussi diverses autres anomalies...

1.5.2. Phénomènes créant des pics à des fréquences non liées à celle du rotor

- **Vibrations de machines voisines**

Le sol et les socles de fixation peuvent transmettre les vibrations d'une machine à l'autre. Si l'on arrête la machine voisine mise en cause, le pic spectral disparaît.

- **Vibrations d'origine électrique**

Les vibrations des parties métalliques du stator et du rotor sous l'excitation de champs électromagnétiques produisent des pics à des fréquences égales à celle du secteur et à ses harmoniques.

L'augmentation de ces pics peut être le signe de la dégradation du moteur (par exemple variation de l'entrefer.)

Ces pics disparaissent bien évidemment avec la coupure du courant.

- **Résonance de la structure ou du rotor**

Chaque sous-ensemble de la machine possède une fréquence propre de résonance qui est fonction de paramètres multiples tels que la rigidité, la masse, la forme géométrique...
Si une excitation quelconque possède une fréquence voisine de celle de la résonance, un pic apparaît dans le spectre.
Les machines sont toujours conçues pour que ces fréquences de résonance ne se rencontrent que dans les régimes transitoires et non au régime de fonctionnement.

1.5.3. Phénomènes créant des modifications des composantes aléatoires du spectre

- **Cavitation**

Ce phénomène hydrodynamique induit des vibrations aléatoires qu'il faut pouvoir reconnaître pour les éliminer en modifiant les caractéristiques d'aspiration de la pompe. Il se reconnait également par un bruit caractéristique.

... non liées aux fréquences de rotation...

... et parfois même dues à des composantes aléatoires comme l'écaillage...

• **Ecaillage des roulements**

L'écaillage d'une piste de roulements provoque des chocs et une résonance du palier qu'il est facile d'identifier avec un appareil à mesure d'ondes de chocs (voir techniques de résonance, paragraphe 1-4-2, page 43). En analyse spectrale, ce phénomène apparaît aux hautes fréquences par une densité spectrale qui augmente au fur et à mesure que les roulements se détériorent.
Si l'avarie du roulement ne comportait qu'un seul point, on pourrait voir apparaître un pic à une fréquence liée à la vitesse du rotor et aux dimensions du roulement (diamètre de pistes intérieures et extérieures, nombre de billes). Ceci est en fait extrêmement rare, car un seul point de détérioration ne tarde pas à se propager sur la surface de la piste et sur les autres pièces du roulement, créant ainsi une vibration de type aléatoire.

• **Frottements**

Le frottement de surfaces comportant des aspérités génère des vibrations d'une fréquence généralement élevée (par exemple phénomène de stick-slip). L'état de surface et la nature des matériaux en contact a une influence sur l'intensité et la fréqence des vibrations ainsi créés.

... ou les frottements.

Ces phénomènes sont souvent sporadiques et donc difficiles à analyser et à surveiller.

1.5.4. Tableau de reconnaissance des principales anomalies

Cause	**Vibration** *Fréquence*	*Direction*	**Remarques**
Tourbillon d'huile	de 0,42 à 0,48 × FR	Radiale	Uniquement sur paliers lisses hydrodynamiques à grande vitesse
Balourd	1 × FR	Radiale	Intensité proportionnelle à la vitesse de rotation
Défaut de fixation	1, 2, 3, 4 × FR	Radiale	
Défaut d'alignement	2 × FR	Axiale et radiale	Vibration axiale en général plus importante si le défaut d'alignement comporte un écart angulaire
Excitation électrique	1, 2, 3, 4 × 50 Hz	Axiale et radiale	Disparaît dès coupure de l'alimentation
Vitesse critique de rotation	Fréquence critique du rotor	Radiale	Apparaît en régime transitoire et s'atténue ensuite.
Courroie en mauvais état	1, 2, 3, 4 × FR	Radiale	
Engrenages endommagés	Fréquence d'engrènementF : F = N dents × FR arbre	Radiale + Axiale	Bande latérale autour de la fréquence d'engrènement
Faux-rond pignon	F ± FR pignon	Radiale + Axiale	Bandes latérales autour de la fréquence d'engrènement dues aux faux-rond
Excitation hydrodynamique	Fréquence de passage des aubes	Radiale et axiale	
Détérioration de roulement	Hautes fréquences	Radiale et axiale	Ondes de choc dues aux écaillages

FR = Fréquence de rotation

(Source : MOBIL)

La démonstration par l'exemple.

1.6. Exemple d'application

A titre d'exemple d'utilisation des analyses vibratoires, voici la résolution d'un problème de désalignement entre une pompe Guinard et son moteur d'entraînement, survenu en 1983 à l'usine Rhône-Poulenc de Chalampé

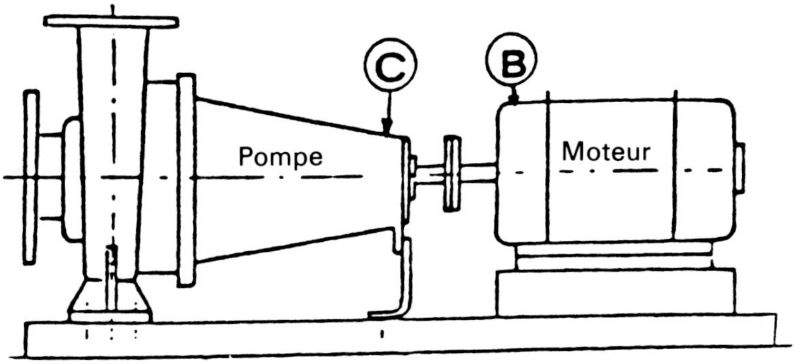

A. CARACTÉRISTIQUES DE LA MACHINE

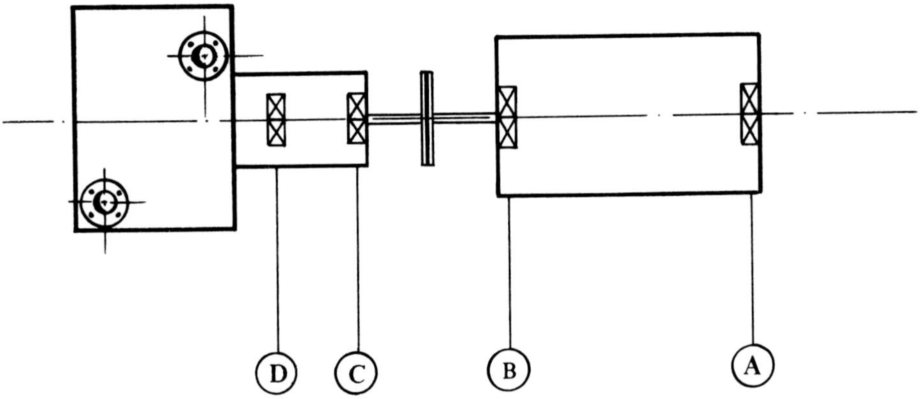

Moteur électrique	*Pompe*
Asynchrone 110 KW - 380 V - 2 960 tr/mn Bipolaire *Palier A* • Roulement S.K.F. NU 318 MC 3 *Palier B* • Roulement S.K.F. 6316	GUINARD S.M.K. 2 × 4 × 13 H • Rotor avec 2 impulseurs • Pression aspiration : 0,3 bar • Pression refoulement : 18 bars *Palier butée C* • Roulement NU 312 - S.K.F. *Palier D* • Roulement 7311 BG - S.K.F.
Accouplement : ... Marque : SFAC - Batignolles ... Type : 2 1/2 à denture + pièce d'espacement	
Châssis : Acier - mécano-soudé, scellé sur massif en béton	

B. DIAGNOSTIC

- Lors d'un relevé périodique, l'agent d'entretien préventif du secteur a signalé une augmentation du niveau global de vibration.

Voir les graphes page ci-contre

- Suite à ce constat, le responsable d'entretien a demandé un diagnostic de la machine par analyse vibratoire.
- Les graphes du niveau vibratoire en fonction de la fréquence, relevés sur le palier B du moteur en vertical (V) et en axial (Ax), sont représentés sur les figures 3 et 4 ci-après.

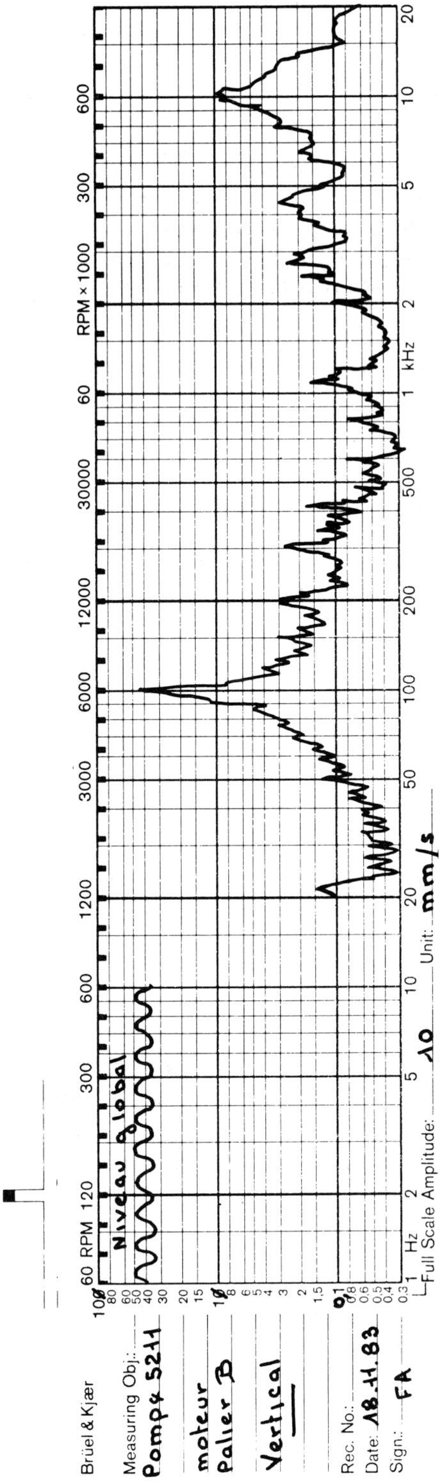

FIG. 3. — *Palier B : Capteur en position radiale verticale*

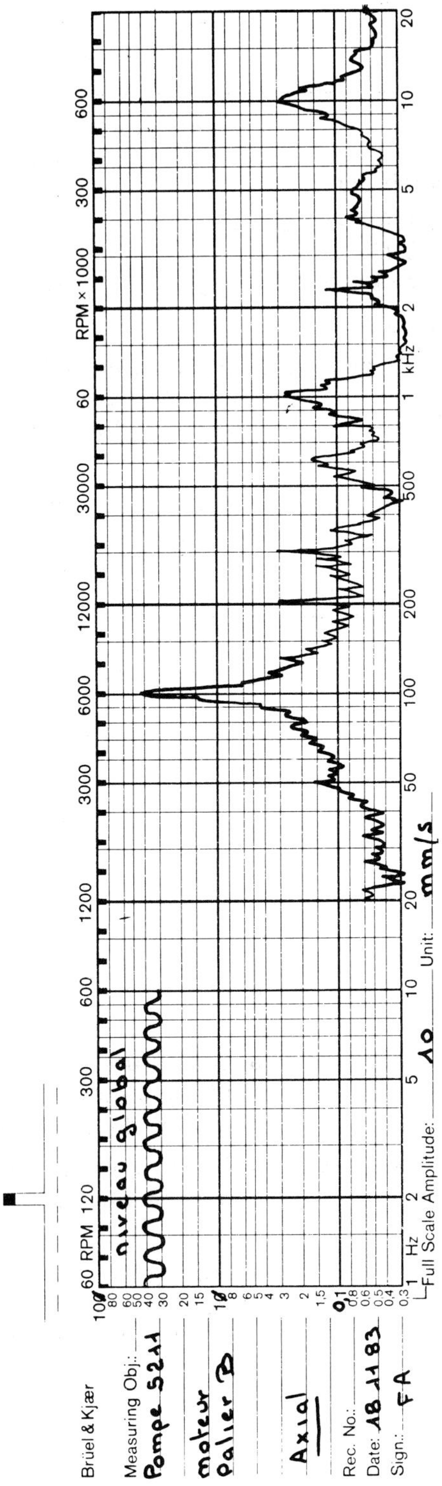

FIG. 4. — *Palier B : Capteur en position axiale*

Sur les deux graphes, nous constatons un pic important à 100 Hz. Or le moteur de la pompe tourne à 3 000 tours/min soit 50 tours/sec ou 50 Hz.

- Sur le tableau de reconnaissance des anomalies (paragraphe 1.5.4. page 51), nous avons vu que le désalignement se traduisait par une vibration dominante à deux fois la vitesse de rotation, ceci tant en radial qu'en axial. Par ailleurs, s'il y a désalignement, son pic est généralement supérieur au pic du balourd qui est, lui, calé sur la fréquence de rotation.

Toutes ces conditions étant réunies sur les graphes des figures 3 et 4, on peut conclure qu'il **y a désalignement entre l'arbre du moteur et celui de la pompe.**

C. CONCLUSION

- Les graphes ci-dessous ont été enregistrés après réalignement de la machine. On constate que le niveau du pic **« désalignement »** à 100 Hz a été diminué par un facteur 5 et le niveau global par un facteur 4.

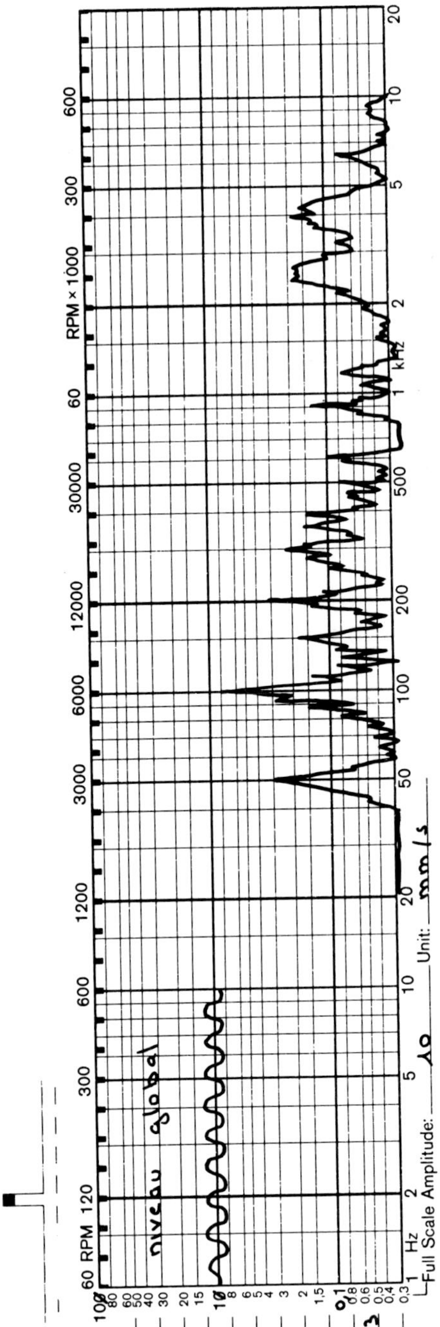

FIG. 5. — *Palier B : Capteur en position radiale verticale*

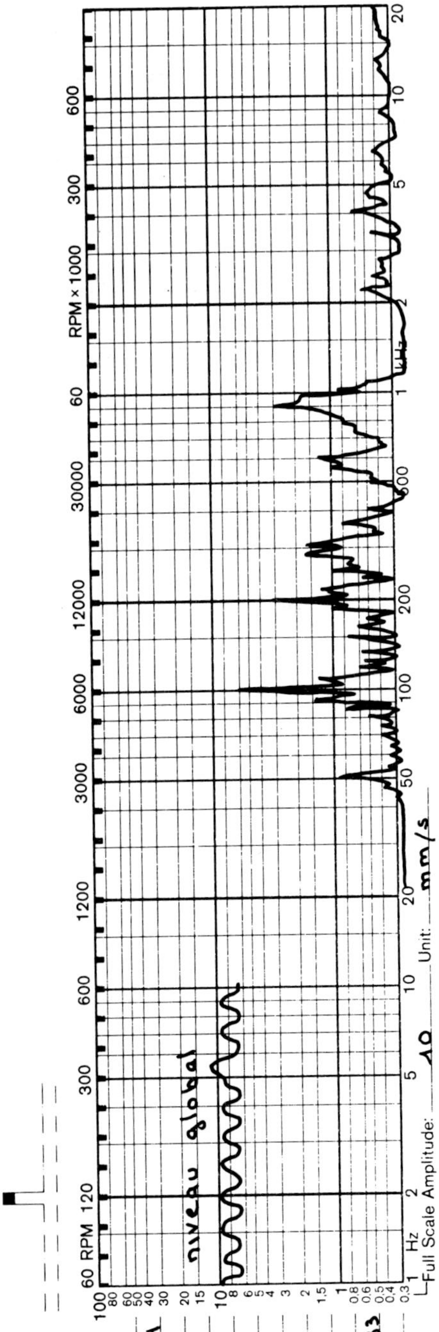

FIG. 6. — *Palier B : Capteur en position axiale*

Des capteurs...

1.7. Le matériel (chaîne de mesure)

La chaîne de mesure doit remplir les fonctions suivantes :

- transformer la vibration mécanique en signal électrique. C'est le rôle du **capteur** qui sera éventuellement amplifié pour le rendre exploitable.
- transmettre le signal ou le mettre en mémoire. C'est le rôle des **appareils d'enregistrement** ou des **appareils de numérisation du signal.**
- analyser le signal. C'est le rôle de l'**analyseur**

1.7.1. Les capteurs

Selon la gamme des fréquences étudiées ils doivent mesurer soit le déplacement, soit la vitesse ou l'accélération.

Il existe des capteurs spécifiques à chacun de ces paramètres mais l'accéléromètre ou capteur d'accélération est le type de sonde le plus utilisé en raison de sa large gamme de fréquences d'utilisation (il peut mesurer un déplacement ou une vitesse) et de ses faibles dimensions.

1.7.2. Les enregistreurs

Jusqu'à l'apparition récente d'appareils numérisant le signal dès la prise de mesure, on était contraint de collecter les informations sur un magnétophone portatif.

... aux analyseurs.

Ces appareils à enregistrement analogique ont maintenant tendance à être supplantés par des appareils à enregistrement numérique qui sont souvent d'un encombrement plus faible et qui permettent la programmation de la tournée du technicien chargé d'effectuer les mesures.

De l'analyseur simple...

1.7.3. Les analyseurs

Appareils de mesure globale

Lorsqu'on effectue une mesure globale, la fonction de l'analyseur est assez sommaire. En effet, il se borne, dans ce cas, à donner une valeur crête ou une valeur efficace de l'amplitude du signal mesuré.

Appareils à filtre accordable

Ce type d'appareil donne des mesures filtrées sur une gamme de fréquence choisie. De ce fait, on peut avoir une idée approximative de la forme du spectre. Pour diminuer la durée d'exploitation de la gamme complète des fréquences, on utilise des filtres passe-bande à pourcentage constant plutôt que les filtres à largeur constante.

- *Filtre à pourcentage constant*

Sa largeur est proportionnelle á la fréquence moyenne d'accord. Un filtre à 4 % aura par exemple une largeur de bande passante de 4 Hz pour une fréquence centrale de 100 Hz et de 40 Hz pour une fréquence centrale de 1 000 Hz.

Ce type de filtre permet de scruter beaucoup plus rapidement les hautes fréquences, mais ne permet pas, généralement, de déceler les bandes latérales significatives des défauts d'engrènement, du fait de la largeur de bande trop importante.

- *Filtre à largeur de bande constante*

Ce type de filtre comme son nom l'indique possède une largeur constante. Il présente l'inconvénient de nécessiter beaucoup de temps pour couvrir les hautes fréquences.

Analyseurs du spectre en temps réel

L'analyseur de spectre en temps réel convertit les données temporelles en données fréquentielles et permet de voir tous les changements intervenus dans le domaine des fréquences. Il effectue donc automatiquement la transformation de Fourier soit par un système analogique soit par un système digital.

... au plus moderne...

... et au plus efficace...

Actuellement, les analyseurs de spectre modernes sont construits autour d'un micro processeur utilisant l'algorithme FFT (Fast Fourier Transformation) pour lequel il est nécessaire de numériser le signal. Ce sont donc des analyseurs digitaux.
Des appareils récents ont vu leur taille diminuer de façon à devenir réellement portables. Le signal est numérisé dès la prise d'informations et un écran de faibles dimensions permet de voir l'allure générale du spectre. Ces appareils peuvent mettre en mémoire un certain nombre de mesures qu'ils restitueront ensuite à un ordinateur pour traitement et archivage. Une analyse plus précise de spectre peut alors être effectuée ainsi que des comparaisons avec les spectres précédents.

Fonctions auxiliaires

Les analyseurs de spectre et les logiciels qui leur sont associés lorsqu'intervient l'utilisation d'un ordinateur, permettent d'effectuer un certain nombre d'opérations :

- *Zoom*

Cette fonction permet d'afficher une bande de fréquence réduite sur toute la largeur de l'écran afin d'examiner plus facilement certains phénomènes, tels que les bandes latérales.

- *Différenciation et intégration*

Des données prélevées par un accéléromètre peuvent être converties par intégration en vitesse et déplacement et inversement de déplacement ou vitesse en accélération par différenciation.

- *Comparaison de spectres*

Les comparaisons de spectres sont possibles grâce à la mise en mémoire des informations et à leur exploitation par le logiciel.

- *Comparaison de spectres avec correction de vitesse de rotation*

... avec des fonctions auxiliaires qui améliorent encore les performances.

La comparaison de spectres ne peut s'effectuer valablement que s'ils ont été échantillonnés à la même vitesse de rotation. En effet, un écart de celle-ci décale les pics du spectre qui ne peuvent donc plus être comparés par soustraction. Certains logiciels peuvent maintenant effectuer automatiquement cette correction.

- *Autres opérations*
  - cepstre
  - enveloppe
  - ...

A retenir

La variété, la richesse, la précision des renseignements donnés par l'étude des vibrations, notamment pour les machines tournantes mais aussi pour les structures de matériels (analyse modale) font sans doute de ce type d'analyses, l'outil principal de la maintenance conditionnelle d'aujourd'hui.

Deux objectifs : économiser le lubrifiant et maîtriser la panne.

2. L'analyse des huiles

Les matériels modernes permettent d'effectuer des analyses précises, en un temps suffisamment court pour qu'un ensemble de renseignements précieux puisse être utile au service maintenance :

- soit pour déterminer le moment adéquat du renouvellement de l'huile d'un organe lubrifié (ou d'un circuit hydraulique) en surveillant le degré de dégradation ou de contamination du fluide avec l'intention de l'économiser par l'espacement des vidanges;
- soit pour détecter les premiers symptômes de l'usure anormale d'un organe en étudiant les particules d'usure générées par le frottement des pièces en contact.

Bien qu'elles soient souvent complémentaires, on peut de façon volontairement simpliste, séparer les différentes techniques existantes, en fonction du but recherché.

2.1. Techniques utilisées dans un but d'économiser le lubrifiant

Deux facteurs principaux interviennent pour modifier les caractéristiques d'un lubrifiant et le rendre inapte à sa fonction :

- la dégradation,
- la contamination.

La dégradation d'un lubrifiant se produit généralement par oxydation, sous l'action de la température et de l'oxygène de l'air. Les produits d'oxydation entraînent une altération des caractéristiques des lubrifiants ainsi que la formation de dépôts.

Economiser le lubrifiant...

La contamination de l'huile est provoquée soit par des débris d'usure, soit par des particules solides ou de l'eau en provenance de l'air ambiant, soit encore par des polluants solubles tels que les hydrocarbures et les solvants capables d'altérer les propriétés physiques du fluide.

... avec la détection de l'altération...

Pour réaliser des économies on cherche donc à diminuer la fréquence des vidanges en vérifiant périodiquement la qualité du lubrifiant et en contrôlant son taux de contamination.

Les principales techniques utilisées sont :

A. L'analyse physico-chimique permettant la détection d'une altération éventuelle de la qualité du lubrifiant en contrôlant les paramètres suivants :

— viscosité
— indice d'acidité ou d'alcalinité (TAN-TBN)
— teneur en eau
— point éclair
— teneur en carbone
— produits d'oxydation
— qualité et taux d'éventuels additifs
— ...

B. Les méthodes de contrôle du taux de contamination :

- **La mesure de la « pollution » gravimétrique** qui permet de déterminer la teneur en impuretés solides d'une huile par filtration sur des membranes ayant un pouvoir d'arrêt absolu déterminé (0,8 micromètres en général).
- **La centrifugation,** méthode intéressante pour chiffrer globalement le volume d'eau et de sédiments (métalliques ou non) contenus dans un échantillon d'huile.
- **La mesure de la dilution** qui permet de connaître le pourcentage de dilution d'un contaminant (essence, ...) par vaporisation à l'aide d'un solvant puis par condensation dans une éprouvette graduée.
- **La chromatographie,** méthode d'isolation par migration différentielle de certains constituants portés par un courant liquide ou gazeux et déposés sur un milieu poreux doté de propriétés d'adsorption et qui permet de connaître la concentration du produit contaminant (essence, gazole, glycol, ...) incriminé.

... ou la détection de la contamination du fluide.

- **La photométrie** qui détermine, par comparaison d'opacité avec des étalons de référence, la concentration en

Des techniques qui vont de la gravimétrie...

une matière donnée (par exemple la concentration en matière charbonneuse d'une huile de moteur à combustion interne).

- **La spectrographie,** qui renseigne sur le pourcentage d'absorption de l'intensité lumineuse d'un corps dans un domaine spectral tel quel les infrarouges ou les rayons ultra-violets et que l'on utilise pour identifier un lubrifiant, vérifier la concentration de certains additifs et l'évolution des propriétés lubrifiantes de l'huile de base, ou pour y détecter une pollution (glycol, dilution, eau).

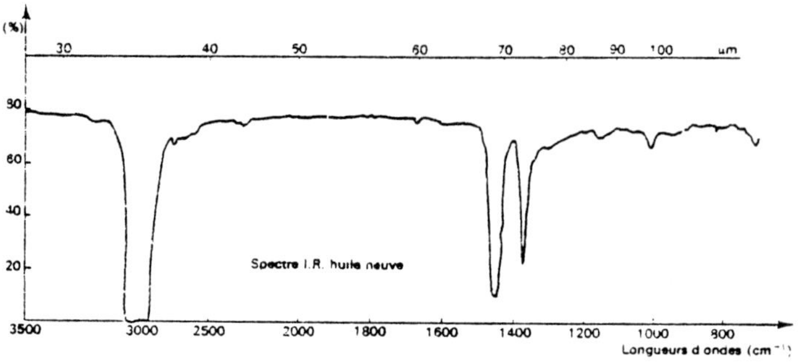

Spectre infra-rouge Huile neuve

(Source : CETIM)

- **La spectrométrie d'émission** qui permet de déterminer de manière rapide la concentration des différents éléments (métaux et métalloïdes) présents dans le fluide, soit sous forme d'additifs, soit sous forme de contaminants, soit enfin (comme nous le verrons plus loin) sous forme de particules d'usures.

Ces techniques sont bien connues et leur mise en œuvre est simple. Il est cependant parfois difficile d'évaluer le seuil de rentabilité de ces analyses, c'est-à-dire de déterminer à partir de quelle charge d'huile il est plus intéressant de lancer un programme d'analyses pour une machine, que de vidanger.

... à la spectrométrie.

Maîtriser la panne...

2.2. Techniques de recherche des premiers symptômes d'usure anormale d'un mécanisme ou dépistage précoce de la cause d'une panne

Le lubrifiant est le vecteur des particules d'usure générées par une machine car il est obligatoirement présent dans les zones de frottement. L'étude de l'évolution de la **concentration** des particules en suspension, de la **nature** de leur constitution, de leurs **dimensions** et de leur **morphologie** apporte une information intéressante sur le comportement des pièces lubrifiées et permet de dépister une éventuelle anomalie avant qu'elle ne se transforme en avarie.

2.2.1. Recherche du point d'origine de l'usure par l'étude de la nature des particules

Puisque l'on connaît de manière générale, la nature des métaux ou matériaux constituant les organes des appareils lubrifiés, on peut donc en identifiant les particules contenues dans un échantillon du lubrifiant, déterminer le point d'origine d'une usure et en suivre l'évolution.

On peut ainsi, dans le cas d'un moteur à explosion par exemple, diagnostiquer une usure des segments s'il s'agit de particules de chrome et une usure des coussinets de bielles s'il s'agit de plomb, cuivre ou étain.

2.2.2. Identification des différents types d'usure par l'étude de la dimension des particules

... avec l'identification de l'origine de l'usure par la nature des particules.

La famille des courbes tracées ci-après montre que, plus une usure devient grave, plus elle génère de grosses particules.

La mesure de la sévérité de l'usure...

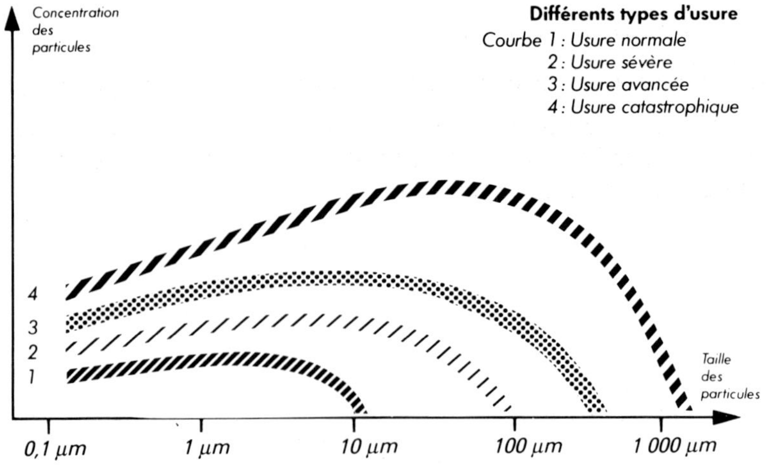

On voit que l'on a principalement quatre types d'usure : normale, sévère, avancée, catastrophique

- **Usure normale**

Les plus grosses particules n'ont pas une taille supérieure à 10 micromètres. La répartition granulométrique est à peu près constante, entre 0,1 et 1 micromètre.

- **Usure sévère**

Dans ce cas, dans la plage de dimensions de 0,1 à 10 micromètres, il y a une augmentation légère du nombre de particules générées. Ensuite, il y a une décroissance assez rapide vers zéro.
Ce type d'usure correspond à une machine qui fonctionne en surcharge, ou dont la lubrification est insuffisante. Il n'y a pas encore d'avarie de surface visible.

- **Usure avancée**

... est évaluée par la répartition granulométrique des particules.

L'usure avancée est l'aboutissement normal de l'usure sévère. A ce stade les avaries de surface sont bien visibles.

- **Usure catastrophique**

L'ultime alerte.

C'est le stade ultime de l'usure avant l'avarie par grippage.

... Et l'on constate que l'on peut donc suivre la progression vers l'avarie redoutée en étudiant l'évolution de la concentration en grosses particules.

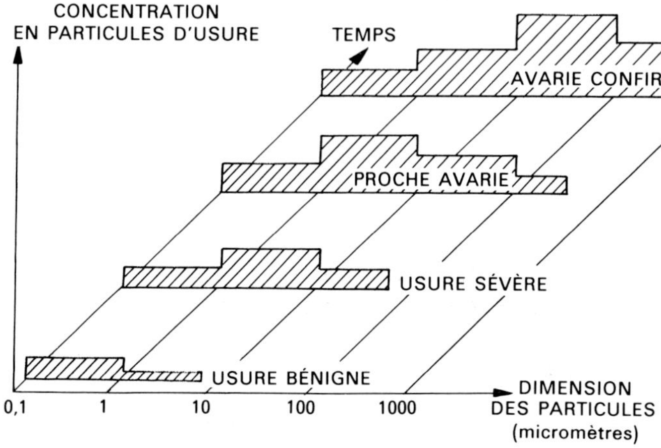

Progression caractéristique vers l'avarie

L'origine de l'usure est déterminée par la forme et la constitution des particules

2.2.3. Définition du mode d'usure en fonction de la « morphologie » des particules dans l'huile

L'étude de la forme et de la structure des particules est, elle aussi, une aide précieuse pour établir un diagnostic. Le tableau ci-dessous donne les principaux types d'usure en fonction de la forme des grosses particules observées.

Formes des particules	Type d'usure	Importance de l'usure
Petites plaquettes 0,3 μm à 5 μm	Usure adhésive	Usure normale
Grosses plaquettes 5 μm à 150 μm	Grippage	Usure dangereuse
Ecailles 20 μm à 1 mm	Ecaillage	Usure dangereuse
Copeaux enroulés, bouclés	Abrasion	Grave, surtout si les copeaux sont nombreux
Sphères métalliques petites 1 μm à 5 μm	Fatigues des roulements	Incident grave
grosses > 10 μm	Cavitation-Erosion	Incident grave
Sphères plastiques	Dépôts d'additifs	
Magmas, agglomérations 2 μm à 150 μm	Corrosion-Oxydation	Incident grave

2.2.4. *Techniques utilisées pour établir le diagnostic d'une usure*

3 techniques d'investigation :

Ce sont principalement : la spectrométrie à lecture directe, la ferrographie à lecture directe, l'analyse par ferrographie analytique.

- **La spectrométrie d'émission** déjà citée et qui permet de déterminer de manière rapide, par comparaison avec des étalons de référence, les concentrations exprimées en ppm (partie par millions) en masse des différents éléments (métaux et métalloïdes) présents dans le fluide, (et notamment les particules d'usures qui nous intéressent dans ce chapitre). La « vaporisation atomique » nécessaire à ce type d'analyse peut être produite selon 2 méthodes :
  - L'une, électrique, par laquelle les atomes des éléments contenus dans l'huile sont excités au travers de l'arc d'une électrode tournante et émettent, en revenant à leur état stable, un rayonnement lumineux dont la comparaison avec des solutions étalon permet la détermination en nature et en concentration.
  - L'autre, appelée torche à plasma, par laquelle l'excitation des éléments présents dans l'échantillon d'huile est provoquée par le passage au travers d'un flux d'argon ionisé dont la température atteint plusieurs milliers de degrés. On détermine d'abord la nature des éléments contenus dans l'échantillon analysé, en mesurant la longueur d'une onde émise par la radiation du plasma obtenu, et ensuite les teneurs de ces éléments dans l'échantillon, en mesurant les intensités produites.
- **La ferrographie à lecture directe,** basée sur l'extraction des particules contaminantes magnétisables contenues dans le lubrifiant, à l'aide d'un champ magnétique. Les particules ferro-magnétiques supérieures à 0,1 micromètre forment un dépôt après avoir parcouru quelques millimètres au travers du champ magnétique (alors que les particules non ferro-magnétiques sont fixées à distance) et leur dimension décroit avec le chemin parcouru. Par la ferrographie à lecture directe, on détermine « l'état de santé » d'une machine en évaluant la concentration totale en particules d'usure et en examinant la proportion des grandes particules ferromagnétiques contenues.

... de la spectrométrie...

... à la ferrographie analytique.

- **L'analyse par ferrographie analytique,** utilisée pour effectuer une analyse approfondie des particules comprises entre 1 et 250 micromètres lorsque la ferrographie à lecture directe indique une usure importante. La ferrographie analytique permet de réaliser un ferrogramme (plaque de verre sur laquelle sont déposés les contaminants métalliques en fonction de leur dimension). On étudie alors à l'aide d'un microscope optique bichromatique, la forme et la couleur des particules déposées afin de les identifier. On peut en outre, grâce à de la lumière polarisée, distinguer au cours de l'examen optique, les particules cristallines d'une part, et les substances amorphes d'autre part. Enfin, il est possible de réaliser un ferrogramme sur un support spécial afin de l'examiner à l'aide d'un microscope électronique à balayage et, le cas échéant, effectuer des micro analyses ponctuelles sur ces particules.

2.2.5. Cadre d'utilisation de ces techniques

Nous avons vu que pour se prononcer valablement sur la gravité d'une usure le responsable avait besoin de connaître la nature du contaminant ainsi que la concentration et la morphologie des grosses particules.

- **Le spectromètre** permet d'identifier la nature et la concentration du contaminant mais sans pouvoir étudier (comme le montre la figure ci-dessous) les particules supérieures à 10 micromètres, significatives d'une usure anormale.

Des techniques complémentaires...

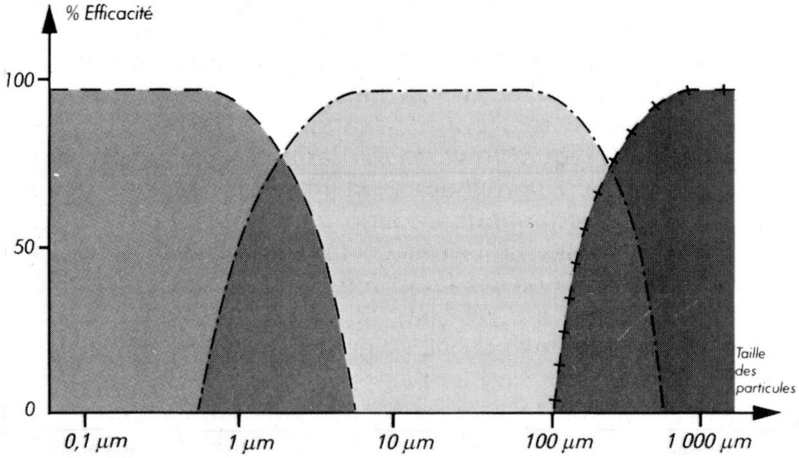

Spectrométrie 0 à 8 µm –
Ferrographie 1 à 800 µm –·–·–·–·–·–·–·–·–·–·–·–·–·–·–·–·–·
Détecteur de copeaux +

Différentes techniques de dosage des particules d'usure selon leur grosseur

- **Le ferrographe** à lecture directe permet d'évaluer la concentration en grosses particules de 1 à 800 micromètres mais uniquement pour les particules ferromagnétiques (ou d'autres particules devenues diamagnétiques par frottement sur les particules métalliques magnétiques.

... qui amènent au diagnostic.

Ces 2 techniques sont donc complémentaires et doivent servir à la phase de surveillance systématique de la machine lubrifiée. Elles donnent l'alarme en cas d'évolution significative. C'est alors qu'une analyse en **ferrographie analytique** s'avérera, dans bien des cas, une aide précieuse à l'établissement **d'un diagnostic.**

Progression logique de recherche d'une cause d'usure

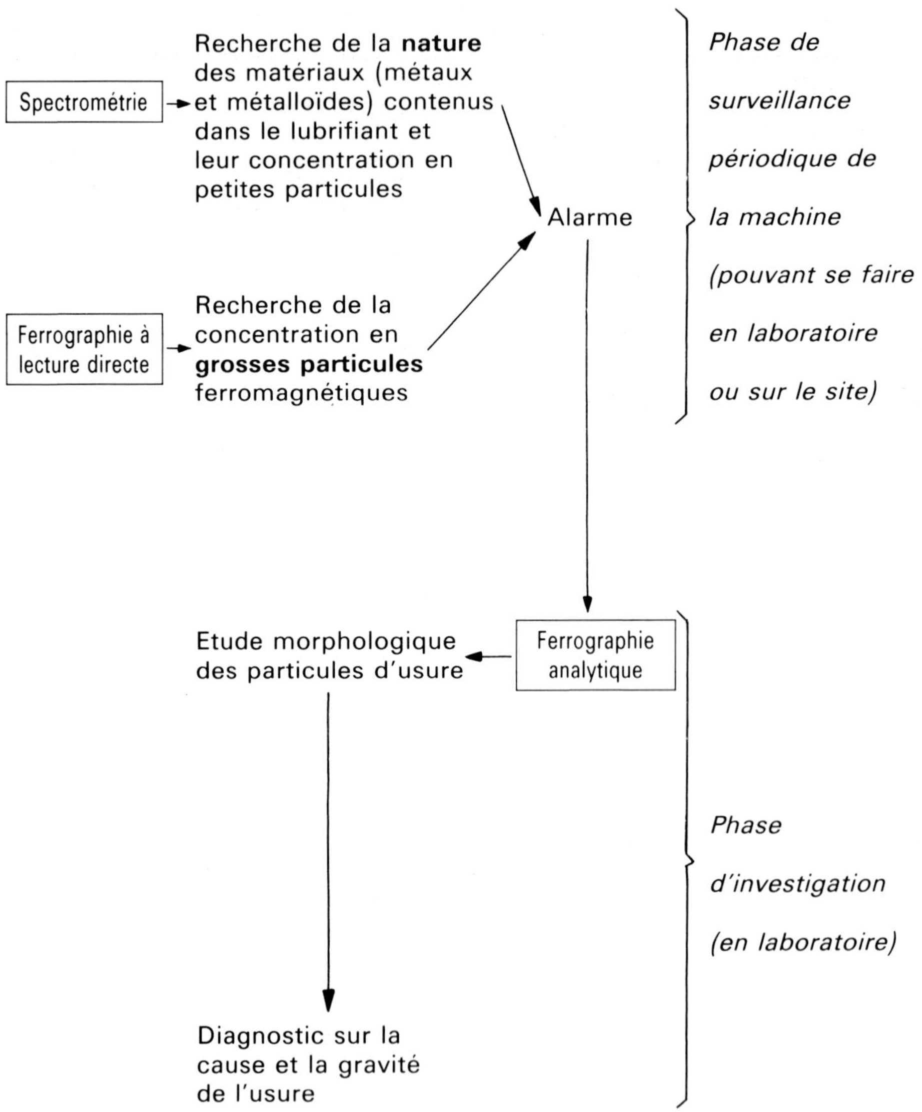

2.2.6. *Exemple de feuille de suivi d'analyse d'huile du moteur d'un navire*

LABORATOIRES CANDRA S.A. — CLIENT:
B.P.6177-14061 CAEN CEDEX
TEL: 31 86 24 12
TLX: 171400 F — TEL :
TLX : 1

MATERIEL : MOTEUR — REPERE FONCTIONNEL :
MARQUE: — POINT DE PRELEVEMENT :
TYPE: 16 PC 2,5 — VISC100°
LUBRIF: XXXXXXX MARINE 40 — 14,67 — NBRE D'ANALYSES: 7 — DATE: 5.09.86

DERNIERE ANALYSE ---------->

ALARMES	SEUIL ALARME MAXI	REF.							
			N° ANA :	36618	36537	36423	35325	36308	36286
			DATE :	5-6-86	28-2-86	16-1-86	22-11-85	13-10-85	30-8-85
			H/MACH. :	5300	5000	4700	4400	4100	3800
			H/HUIL. :						
			A						
Nd		5	TACHE	10	10	10	9	9	10
1	17,60	11,74	VISC.100	14,94	9,88	13,25	13,35	14,25	13,98
Nd	1,5		DILUANT:	0	1,5	0	0	1,5	0
Nd	,5		EAU % :	0	0	0	0	0	0
1	1,5		CARB.% :	1,9	,2	,2	,3	,2	,2
Nd		8,00	TBN :	13,50	12,55	13,55	12,30	11,00	12,55
SPECTROMETRIE:			D						
1	12,2	7,8	Fe:	15,9	7,9	6,2	5,3	6,4	6,2
1	7,2	5,0	Cr:	9,2	4,6	4,2	4,6	4,1	4,2
1	5,1	3,7	Al:	6,1	4,5	3,1	3,1	3	3,2
1	7,4	6,6	Cu:	8	6,8	6,2	6,5	6,1	6,5
1	14,9	13,3	Sn:	15,8	11,7	12,5	13,4	14,2	12,9
Nd	8,7	8,0	Pb:	7,3	8,4	8,5	8,6	8,2	7,6
Nd	35	17,8	Si:	21,6	16,7	10,2	18,9	19,2	19,5
Nd	10		B:	1,1	1,2	1,2	1,3	1,1	1
Nd	15	5	Na:	4,6	4,9	4,3	4,6	4,5	4,5
Nd		70	P:	84	50	70	81	73	73
Nd		9	Zn:	9	6	6	9	6	5
Nd		2900	Ca:	2811	2894	2869	2864	2899	2900
Nd		13	Mg:	14	12	12	13	14	12
1	,2	,1	Ni:	0	,3	0	0	0	,1
Nd	1,8	1,2	V:	1,5	1,5	1,5	1,4	0	1,2
1	3,3	2,2	Mo:	3,8	2,5	1,6	2,5	2,3	1,8
1	8,5	6,8	Ba:	9,6	6,4	6,5	6,8	7	6,5
FERROMETRIE:			DILUT:	1	1	1	1	1	1
1	25,1	16,5	L:	32,5	16,2	13,5	13,9	14,2	12,3
1	7,8	5,6	S:	9,5	4,2	6,3	5,2	5,1	4,9
1	32,7	22,1	CPU:	42,0	20,4	19,8	19,1	19,3	17,2
1	647	282	ISUC:	966	245	143	166	176	127

I--- R.A.S.:
INTERVENTION-------I ROUTINE: ********
I--- DANGER: ********

COMMENTAIRE EVENTUEL:
ANOMALIE EN PARTIE HAUTE DU MOTEUR. EFFECTUER PRELEVEMENT POUR CONFIRMATION. EFFECTUONS FERROGRAPHIE ANALYTIQUE.

Source Laboratoires CANDRA

2.3. Tableau récapitulatif de l'utilisation des principales techniques d'analyses

Techniques d'analyses	But recherché	Moteurs à combustion interne			Huiles industrielles					
		A essence ou à gaz	Diesels rapides	Diesels lents	Transmissions	Réducteurs	Compresseurs	Turbines	Circuits hydrauliques	Tranformateurs
Mesure de: Viscosité	(1)	★	★	★	★	★	★	★	★	★
Mesure de: Indice acidité (TAN)								★		★
Mesure de: Indice alcalinité (TBN)				★			★			
Mesure de: Teneur en eau		★	★	★	★	★	★	★	★	★
Mesure de: Teneur en glycol		★	★	★						
Spectrographie					★	★	★	★	★	★
Gravimétrie						★	★	★	★	
Centrifugation								★	★	
Dilution		★	★	★						
Chromatographie		★	★	★						★
Photométrie			★	★						
Spectrométrie	(2)	★	★	★	★	★	★	★	★	
Ferrographie		★	★	★		★	★	★		

(1) Espacer les vidanges
(2) Cause et importance

A retenir

Les techniques d'analyse d'huile permettent de noter les anomalies de fonctionnement des machines et notamment de suivre l'évolution des phénomènes d'usure en des endroits ou l'analyse des vibrations est la plus délicate (engrenages, roulements, cylindres et pistons).

L'analyse des huiles est donc complémentaire de l'analyse des vibrations. La ferrographie en particulier permet un suivi suffisamment précis pour une détection anticipée d'anomalie dans le cadre d'une maintenance conditionnelle.

A noter malgré tout que les techniques d'analyse des tendances d'évolution des anomalies des lubrifiants, ainsi que l'estimation des seuils d'alerte, sont encore aujourd'hui moins codifiées et moins précises que celles employées en vibrations.

L'intelligence artificielle au service de la maintenance.

3. Les systèmes experts

Une des principales applications de l'Intelligence artificielle, les systèmes experts, tend à se développer depuis quelques années.

Ce sont des logiciels spécialisés qui, comme le nom l'indique, tentent de simuler les activités intellectuelles de l'homme dans le cas où une solution algorithmique n'est pas connue ou serait irréalisable en un temps raisonnable.

On peut, très schématiquement, dire qu'un système — expert va s'attacher à représenter et utiliser des **connaissances** qui seront considérées comme des **données** pour établir un **diagnostic** à partir de **symptômes** décrits, ou inversement, à partir d'un diagnostic simulé, énoncer les symptômes qui devraient apparaître.

Les connaissances de base peuvent être imprécises ou incomplètes, ce qui fait qu'il est impossible d'écrire un algorithme permettant de résoudre le problème dans tous les cas, en un nombre donné d'opérations. On fait appel alors à des méthodes **heuristiques,** utilisant un certain nombre de règles empiriques réunies en un **moteur d'inférences** chargé de relier la base des **connaissances** à l'enregistrement des **symptômes,** pour établir le diagnostic (ou inversement).

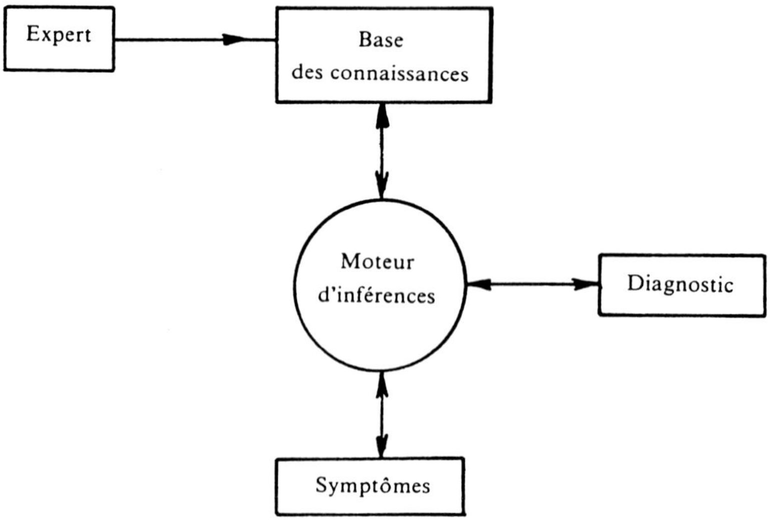

Des perspectives intéressantes...

Les banques de connaissances devront être actualisées sans cesse au fur et à mesure de l'avancée des connaissances, des découvertes ou de l'historique des interventions.

Les symtômes seront visuels, détectés par les différents capteurs, ou apportés par les analyses (huiles ou vibrations).

Les diagnostics fournis par le système expert donneront :

- soit l'origine du défaut détecté à partir des symptômes relevés

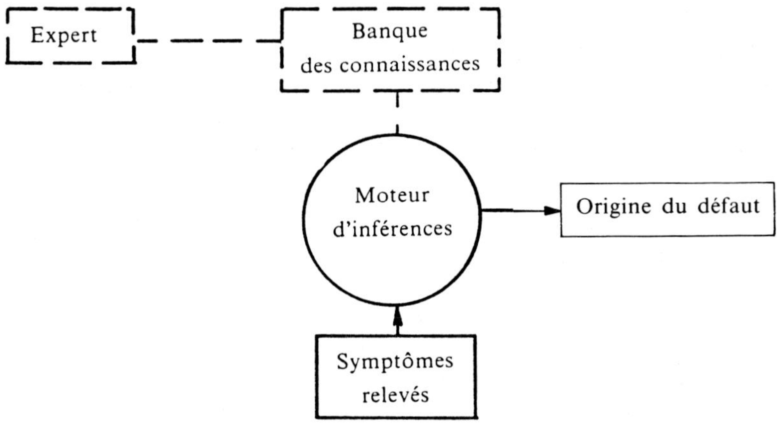

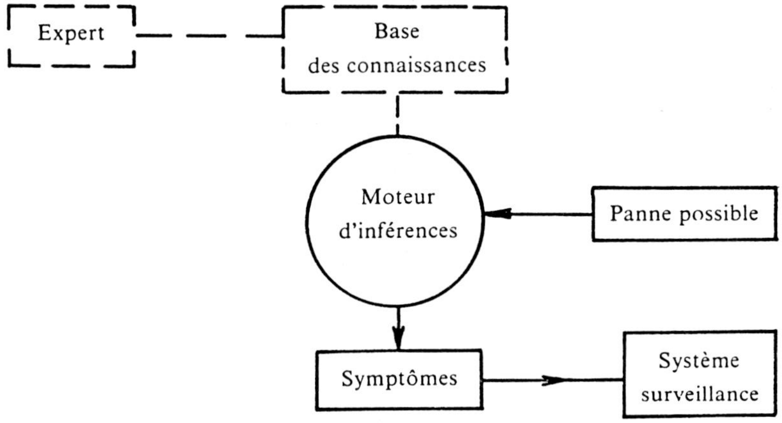

- soit les différents symptômes qui auraient pu être détectés sur une panne simulée (Recherche des points névralgiques pour placer les alarmes préventives).

... mais hélas encore peu accessibles aujourd'hui.

L'utilisation des systèmes experts est intéressante en maintenance conditionnelle puisqu'ils apportent une aide :

- A la recherche de la provenance d'une alarme déclenchée, ou à la proposition d'un diagnostic concernant la cause, la gravité et la tendance évolutive d'un défaut en développement, lorsque ceux-ci sont d'origine multiple et complexe.
- Au choix des paramètres à surveiller et au positionnement des alarmes à mettre en place en fonction des pannes redoutées.

Le système expert « SIAD » (Système Intégré d'Acquisition de Données) par exemple, présenté par les laboratoires de Marcoussis et destiné aux automotrices Alsthom Atlantique du RER pour la localisation des pannes, permet de mémoriser les paramètres et mesures observées lors du dépistage de défauts.

Un autre, le système expert « EXTASE », présenté dans une raffinerie par les mêmes laboratoires, facilite la détection de l'origine réelle d'une alarme, en tenant compte du fait que certains renseignements concernant la marche de l'installation peuvent s'avérer inexacts (erreurs dues à des capteurs défaillants, par exemple).

Malgré tout, l'investissement nécessaire à l'acquisition de ces systèmes (plusieurs millions de francs) reste, **aujourd'hui**, encore inabordable pour la grande majorité des entreprises.

4. Autres méthodes d'observation applicables en maintenance moderne

Il existe enfin et sans que la liste soit limitative bon nombre d'autres méthodes d'investigation souvent spécifiques à un type de matériel et fonction du défaut recherché :

4.1. Examen des états de surface

- Examen visuel,
  - direct
  - photographique
- endoscopie
- holographie
- stroboscopie
- moulage et empreinte

Examens destinés à évaluer le degré de détérioration par usure d'une pièce

4.2. Examen structurel

- Ressuage (matériaux absorbants)
- radiographie, gammagraphie
- échographie
- courants de Foucault
- magnétoscopie
- émission ultra sons
- analyse modale
- interférométrie holographique

Examens destinés à dépister les éventuelles fissures sur une pièce ou les défauts de soudures sur un assemblage

4.3. Dissipation d'énergie

- thermométrie
- thermographie

Mesures utilisées principalement :

- *Dans le* **bâtiment**, *pour mettre en évidence les ponts thermiques, les défauts d'isolation et les défauts d'étanchéité à l'air.*
- Dans **l'industrie** *pour contrôler :*
  - l'usure des réfractaires dans les chaudières, fours, cheminées...
  - l'état des réseaux des fluides caloporteurs ou frigorifiques,
  - les échauffements d'organes mécaniques tels que réducteurs paliers ou roulements,
  - et localiser les échauffements anormaux dans les installations électriques.

4.4. Contrôle du rendement

- capteurs
  - vitesse
  - débit
  - pression
  - intensité
  - ...

} *Capteurs qui permettent de détecter un défaut par la mise en évidence d'une dérive dans la marche de l'appareil*

4.5. Analyse des effluents

- solides
- liquides
- gazeux

} *Le dépistage d'une concentration anormale en certains éléments permet d'orienter le diagnostic*

4.6. Emission acoustique

- détecteur fuites
- surveillance des paliers et roulements
- mesure des décharges électriques

4.7. Nature du diélectrique

- Analyse chromatographique en phase gazeuse (sur transformateurs)

4.8. Surveillance générale

- caméra
- vidéo

A retenir

Ces méthodes d'applications moins générales que les analyses vibratoires ou les analyses d'huiles et plus spécifiques, chacune, à un type de matériel bien défini, présentent un intérêt certain et leur combinaison aux précédentes apportent une aide efficace et précieuse aux ingénieurs de maintenance pour la surveillance et pour l'élaboration de diagnostics.

Thermométrie — Thermographie

Tout phénomène, normal ou anormal, donnant naissance à un écart de température peut-être détecté et mesuré à l'aide de sondes à résistance, de thermocouples ou, si l'on désire agrandir la zone d'investigation, à l'aide de techniques de thermographie.
La thermographie permet de visualiser l'état calorifique de la surface et peut donner ainsi des renseignements dans des domaines aussi divers que :
— l'état d'échauffement d'une pièce mécanique (palier, arbre, ...),
— l'état d'usure d'un revêtement réfractaire,
— la signalisation d'un défaut de calorifuge,
— le comportement thermique d'un matériau composite ou d'un composant électronique,
— la mise en évidence d'un défaut électrique,
Renseignements très precieux pour le service maintenance qui dans bien des cas pourra ainsi prévenir la panne plutôt que la subir.

A retenir

Grâce à tous ces outils la maintenance conditionnelle a les moyens de sa qualité et de sa rentabilité. Il convient maintenant de les utiliser à bon escient dans la mise en place d'une maintenance conditionnelle **adaptée** aux besoins de chaque entreprise.

La mise en place de la maintenance conditionnelle

3

1° Mener une réflexion préliminaire.

1. Principes de base

Avant de mettre en place une politique de maintenance conditionnelle il convient de tenir compte des principes suivants :

- Les méthodes de maintenance conditionnelle devront être réservées aux matériels pour lesquels les avantages de la méthode l'emportent sur les coûts de la maintenance existante.
- Aucune instrumentation, aussi importante soit elle ne permet seule de résoudre un problème. Les problèmes sont résolus par des hommes. La technologie la plus sophistiquée ne peut se substituer à l'homme lorsque la tâche nécessite de la logique, de l'expérience et de l'intuition.

  De là, deux actions nécessaires :

— motiver et former le personnel

— utiliser un matériel performant mais simple d'emploi et adapté au travail demandé

- Le succès de la méthode n'est pas nécessairement lié à un investissement important dans un équipement complexe. Les programmes réussis démarrent avec de petits instruments indicateurs et des analyseurs bon marché, sur un groupe de machines représentatif. Lorsque l'expérience est acquise, le programme peut être étendu et l'utilisation d'une instrumentation plus puissante est alors une extension naturelle. Il est cependant prudent d'acheter, dès le début, du matériel de qualité.

2. Définition de l'état initial

2° Bien connaître l'outil de production.

Il convient avant tout que le service entretien connaisse son parc de machines et qu'il puisse situer chaque appareil à surveiller dans son contexte. Chaque machine devra donc être référencée et posséder une fiche indiquant ses principales caractéristiques techniques et son historique de pannes.

La maintenance conditionnelle étant basée sur l'observation de l'évolution de certains paramètres, le responsable du service entretien devra définir avec soin les modes, les points et les directions des mesures à effectuer puis stocker systématiquement la signature originelle de la machine, signature qui servira de base à l'élaboration du diagnostic de son bon ou mauvais état de fonctionnement. Il est important de noter que, si l'analyse vibratoire est aujourd'hui l'outil principal de la maintenance conditionnelle, ce serait une erreur de considérer qu'il se suffit à lui-même. **La signature de base ne doit pas se limiter à une analyse vibratoire,** il est nécessaire de la compléter par d'autres mesures (température, analyse, huile...) et par la prise en compte des conditions de fonctionnement (débit, pression, vitesse de rotation...).

3º Sélectionner les machines pouvant être suivies par l'analyse du niveau vibratoire

3. Choix du mode d'investigation

3.1. Relevés systématiques du niveau global de vibration*

** correspondant à la méthode de mesure de la valeur globale exposée page 40*

Il s'agit de relever en une valeur l'état global du fonctionnement de l'appareil. Ce mode de relevés est simple, pratique, rapide, peu coûteux et permet de repérer la plupart des machines à surveiller si l'on prend bien soin d'effectuer en chaque point 3 mesures de niveaux :

- 1 pour évaluer l'**accélération** des vibrations
- 1 pour évaluer la **vitesse** des vibrations
- 1 pour évaluer le **déplacement** des vibrations

deux de ces mesures étant nécessaires, au minimum, pour effectuer un tri entre les phénomènes basses fréquences et hautes fréquences.

Malgré tout il est important de noter que cette méthode ne **permet pas d'établir un diagnostic.** Ce mode de relevés est souvent utilisé comme premier criblage, capable d'identifier un équipement en mauvaise condition parmi une population d'équipements en bon état.

4º Surveiller les vibrations de manière globale...

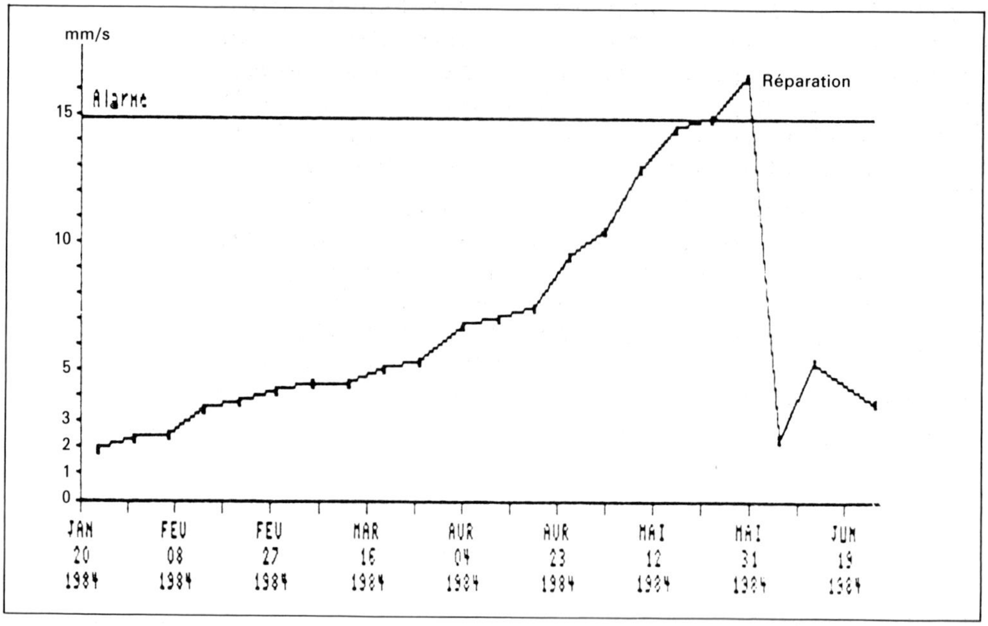

POMPE 101 2 H 15 mm/s —

(Source : IRD MECHANASYSIS)

Courbe de source du niveau global de vibration d'une pompe

... par résonance...

** correspondant aux techniques de résonance exposée page 43*

3.2. Mesures d'ondes de choc ou pointes d'énergie *

Cette mesure est réservée principalement à l'étude des roulements (parfois aux engrenages) et permet une sélection rapide entre bons roulements et roulements endommagés. On mesure les impulsions ultrasoniques provoquées par les impacts entre les divers éléments du roulement sur lesquels se développent des défauts microscopiques et on établit le diagnostic en fonction de tables de sévérité ou en fonction de l'analyse de la tendance du défaut par comparaisons successives.

A noter une nouvelle fois que ces techniques ne doivent être utilisées que sur des machines simples, car d'autres sources que les roulements (engrenages, cavitation, frottement) peuvent elles aussi donner des ondes de choc et fausser l'interprétation. Une analyse spectrale s'avérera souvent souhaitable pour compléter la mesure. Les roulements défectueux se manifesteront par une vibration à haute fréquence.

BON ROULEMENT

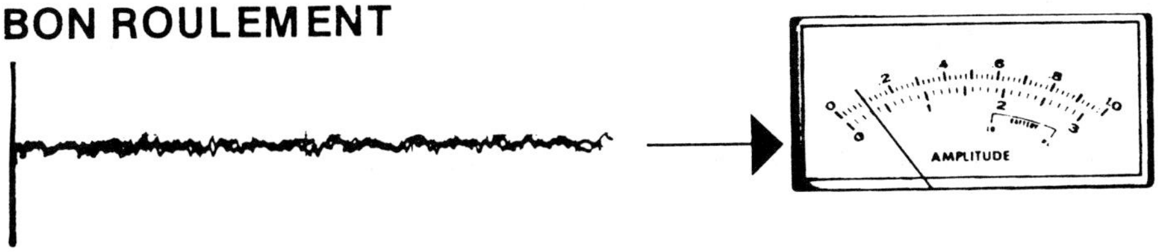

MESURES DES "POINTES D'ENERGIE"

MAUVAIS ROULEMENT

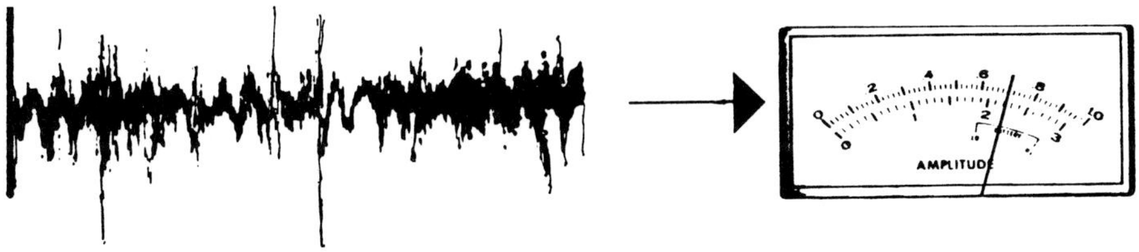

5º Puis de manière plus fine avec l'analyse spectrale.

3.3. Relevés spectraux *

** voir aussi méthode spectrale page 43*

Cette analyse est plus riche et plus fine. Un spectre, en effet, permet de déterminer non seulement l'importance de l'anomalie mais aussi sa nature (balourd, lignage, roulement, engrenages...). Le diagnostic ainsi rendu possible permet de définir la cause et l'urgence de l'intervention à effectuer.

Aujourd'hui, ce mode de relevé intervient souvent après que le mode de relevé global ait détecté une anomalie. Il est vraisemblable qu'avec le développement technologique de l'informatique dans le domaine de la rapidité du tri et la capacité de stockage, ainsi que la baisse de ses coûts et la familiarisation du personnel à ces techniques, l'avenir soit aux relevés spectraux dès la phase de dépistage des appareils en défaut.

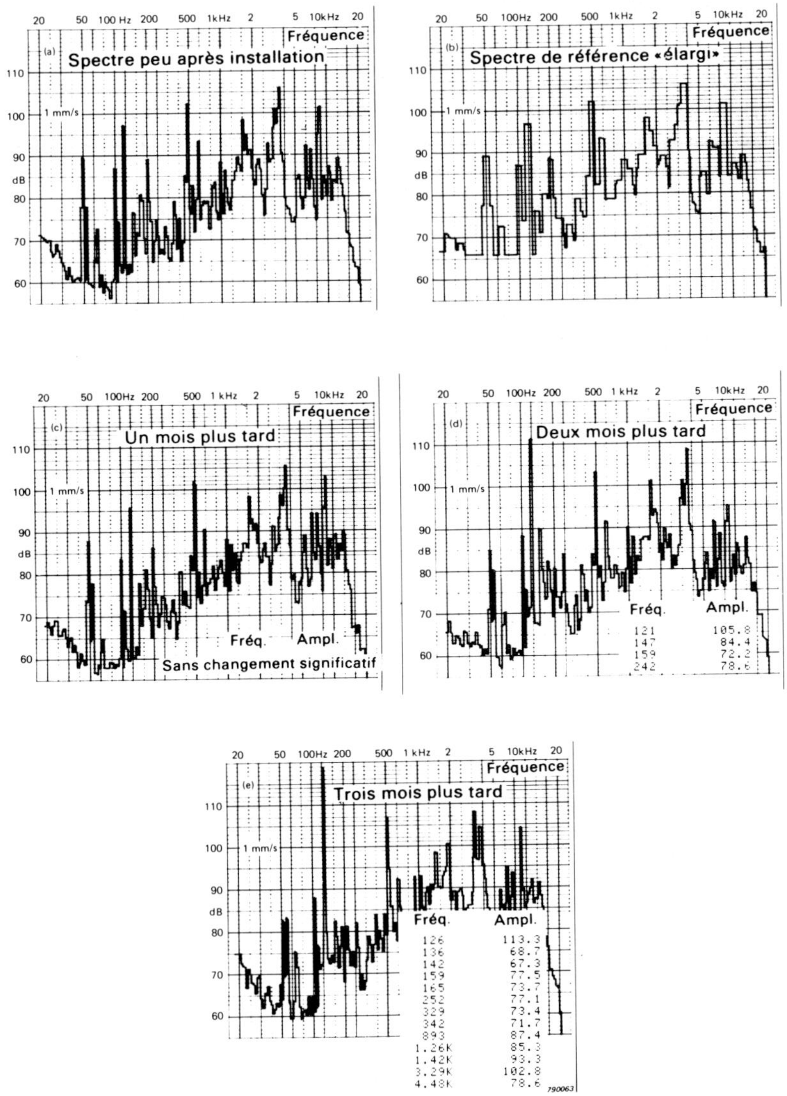

Exemple de relevé mensuel de spectre

(Source : Bruel et Kjaer)

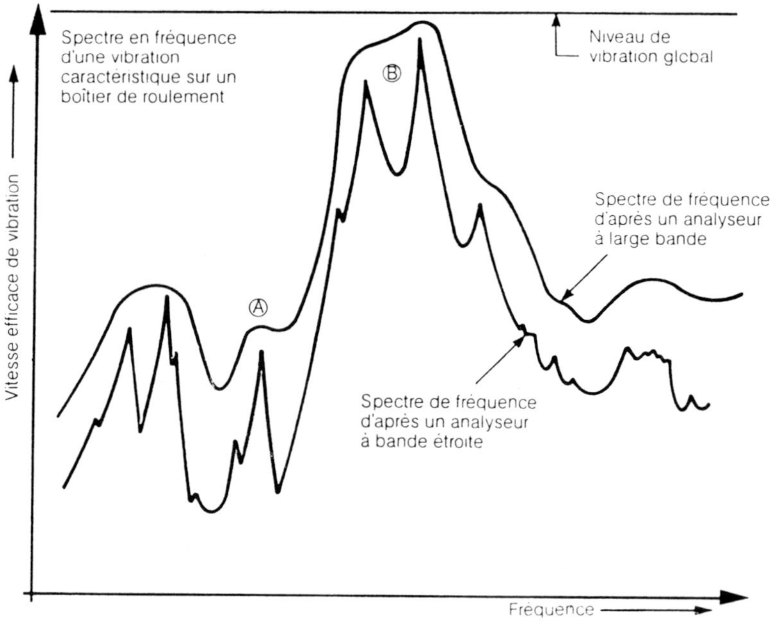

Différents modes de relevés niveau vibratoire, Niveau global, Spectre à large bande, spectre à bande étroite

A remarquer que, parce que les composantes B déterminent en grande partie le niveau de vibration global, les changements de composantes A ne pourront être détectés que par une analyse spectrale.

3.4. Relevés des autres paramètres

6o Utiliser ou associer les autres indicateurs.

Effectuer des relevés vibratoires c'est vouloir connaître la fonction usure de la machine. Les vibrations n'étant pas les seules variables de cette fonction, il est important d'associer les autres paramètres (contamination de l'huile, températures, débit, pression...) qui sont des indicateurs complémentaires nécessaires à la définition de la fonction usure.

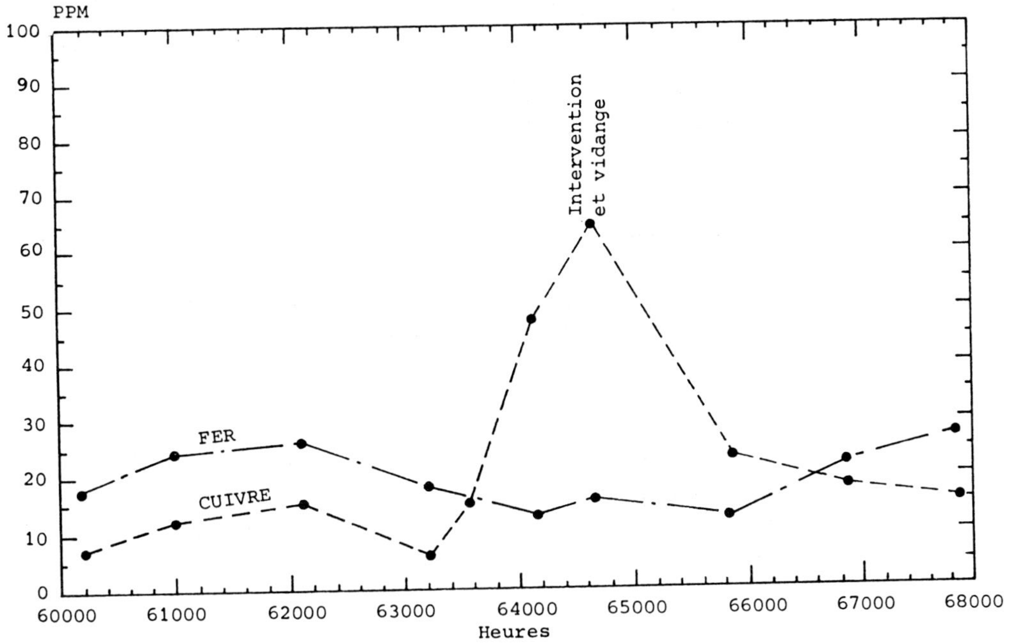

(Source : CAP MAINTENANCE)

Avarie des coussinets de têtes de bielles après 64 600 heures de marche détectée par un programme analyse brutes

7o Déterminer...

4. Définition des seuils et analyse des tendances

Quel que soit le mode de relevé retenu, l'ingénieur de maintenance se trouve confronté à la définition des seuils à partir desquels il aura à prendre une décision.

Dans cette tâche difficile, il sera aidé par :

— l'historique des pannes liées à la machine qu'il devra s'efforcer de constituer le plus soigneusement possible;

— la signature de l'état initial de la machine (vibrations, huile...);

— les statistiques et les normes se rapportant à l'appareil;

— le conseil d'éventuelles sociétés spécialisées dans ce type de prestations.

4.1. Seuil d'alarme

C'est le seuil à partir duquel une machine est considérée en « anomalie ».

4.2. Seuil de panne

... les seuils d'intervention.

C'est le seuil à éviter. Entre les 2 seuils (panne et alarme), se situe la période de recherche du diagnostic et d'analyse de la tendance du défaut. En analyse des vibrations, le seuil d'alarme sera souvent détecté par un relevé global de la vibration, alors que le diagnostic et l'analyse de la tendance du défaut seront recherchés a partir d'une analyse spectrale. Certains appareils permettent la détermination des seuils par une méthode de compromis des 2 méthodes.

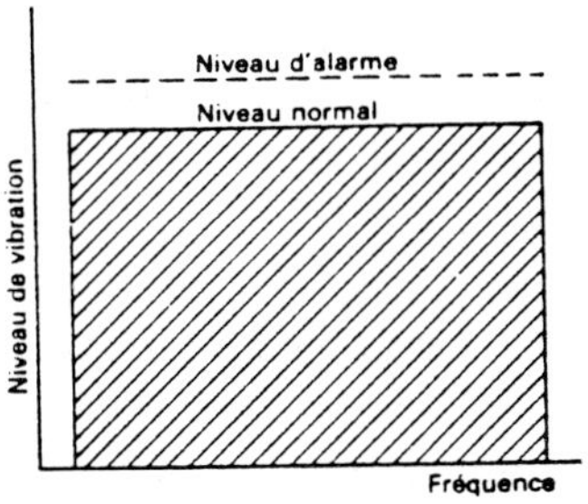

Détermination des seuils par méthode de relevé global

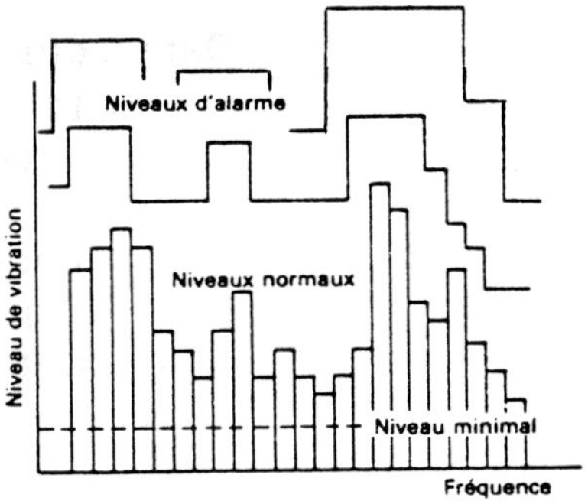

Détermination des seuils en analyse spectrale

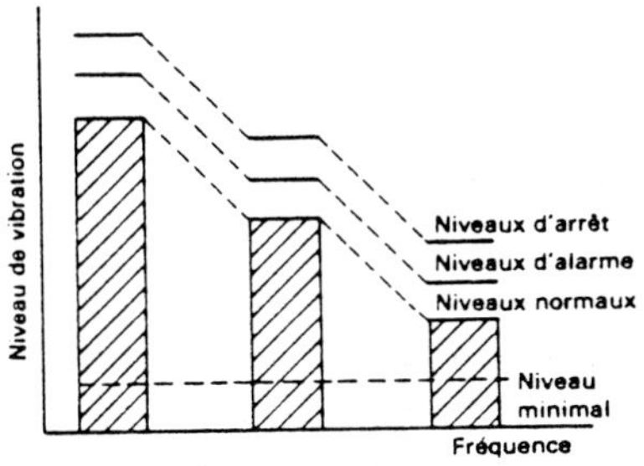

Détermination des seuils par un compromis des deux méthodes précédentes

8° Choisir le type de surveillance.

5. Choix de la périodicité de la surveillance

Deux types de surveillance sont possibles : la surveillance en continu et la surveillance périodique.

5.1. Surveillance en continu

Les capteurs (vibrations, température, etc.) sont installés à demeure sur la machine.

La surveillance des paramètres préalablement établis se fait généralement en salle de contrôle. Cette méthode de surveillance n'analyse pas l'évolution ou la tendance du défaut considéré, mais alerte lorsque le défaut dépasse un seuil prédéterminé.

Du fait de la multiplicité des capteurs, cette méthode nécessite un investissement initial important, en général réservé aux machines dites :

- vitales (dont l'arrêt compromet la production);
- dangereuses (dont la panne ou l'usure porteraient atteinte à la sécurité) ou pour des machines de très grosses puissances (supérieures à 1 MW).

5.2. Surveillance périodique

La mesure est effectuée périodiquement par un technicien qui utilise des systèmes portables de plus en plus fréquemment informatisés.

Ce système permet à un opérateur d'enregistrer précisément les paramètres désirés pour un grand nombre de machines en un minimum de temps avec un faible coût puisque l'investissement en capteurs est réduit (1 seul capteur portatif est suffisant).

Les informations recueillies sont ensuite notées sur fiches ou transférées sur micro ordinateur, permettant ainsi au responsable de la maintenance de les stocker et de les analyser.

La périodicité des contrôles de base est déterminée en fonction :

- du nombre de machines à contrôler,
- du nombre de points de mesure nécessaires,
- de la durée d'utilisation de l'installation,
- du caractère « stratégique » de l'appareil considéré,
- des moyens matériels dont dispose le service.

9° Etablir la fréquence des surveillances.

Méthodes utilisées	Équipements surveillés	Appareillage	Périodicité de base
Mesure de vibration	Toutes les machines tournantes de moyenne et grosse puissance et/ou équipements critiques : — Moteurs — Réducteurs — Compresseurs — Pompes — Ventilateurs...	Mesureur de vibration Analyseur Système de surveillance permanente	3 000 à 1 500 heures
Mesure de défauts de roulements	Tous roulements	Mesureur spécial ou analyseur enveloppe	500 heures
Analyse stroboscopique	Partout où l'on voudrait étudier un mouvement, contrôler une vitesse, mesurer les plans	Stroboscope de l'analyseur de vibration	Selon les besoins
Détection des ultrasons	Localisation des fuites	Détecteur ultrasonique	Selon la demande
Analyse des huiles	Réducteurs et Circuits hydrauliques - Moteurs	Réalisé par les fournisseurs	6 mois
Thermographie	Équipements haute tension - Distribution basse tension - Électronique - Équipements garnis de réfractaire	Sous traité	12 mois
Examen endoscopique	Cylindres de compresseurs, Ailettes, Engrenages endommagés	Endoscope + photos	Tous les mois

Exemple de programme de surveillance de base modifiable en fonction de l'expérience et de l'historique de la machine

10° Suivre les relevés de mesure en adaptant la périodicité des contrôles et...

5.3. Interprétation de la mesure

Si la mesure relevée est inférieure au niveau de seuil prédéterminé (global, spectral ou autre), la périodicité de contrôle est conservée.

Si la mesure relevée est supérieure au niveau du seuil prédéterminé, le responsable de maintenance devra :

- soit modifier les niveaux de seuils,
- soit augmenter la périodicité des contrôles dans le but de suivre plus précisément l'évolution des paramètres et la tendance générale de l'anomalie constatée. De là, si la tendance persiste, il aura à **diagnostiquer** la cause du défaut et à **programmer,** en liaison avec le service production et suivant l'urgence estimée la réparation à effectuer.

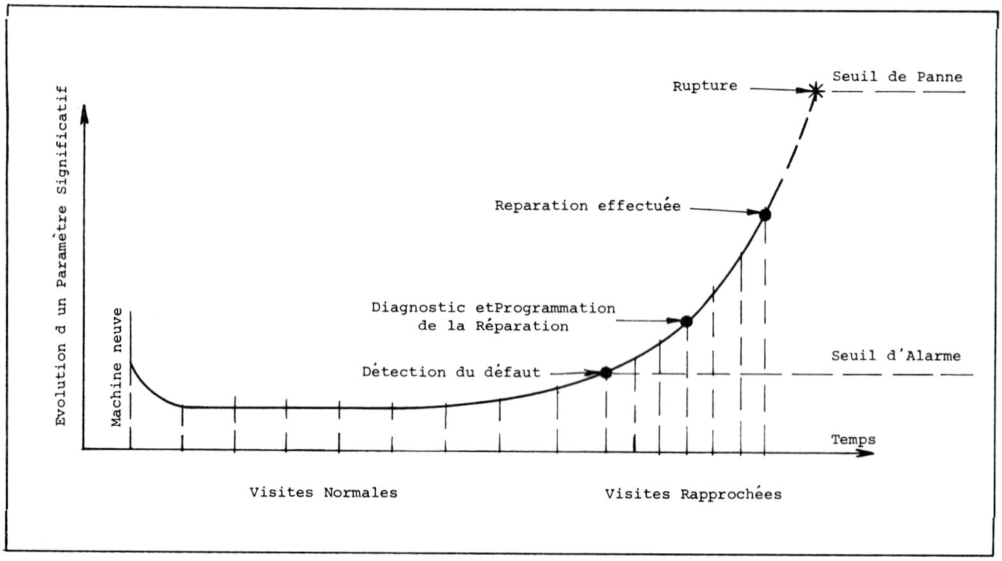

Opérations liées à l'interprétation de la mesure

A noter que cette interprétation peut se faire :

- soit par le service maintenance de l'usine si la société est suffisamment « étoffée » et désire garder et enrichir sa propre expérience.
- soit par des sociétés extérieures spécialisées si la société désire investir moins, ou ne désire pas s'engager immédiatement dans une politique d'entretien nouvelle.

11° ...Diagnostiquer la cause des défauts avant de programmer les réparations.

6. Méthodologie de la mise en place d'une maintenance conditionnelle

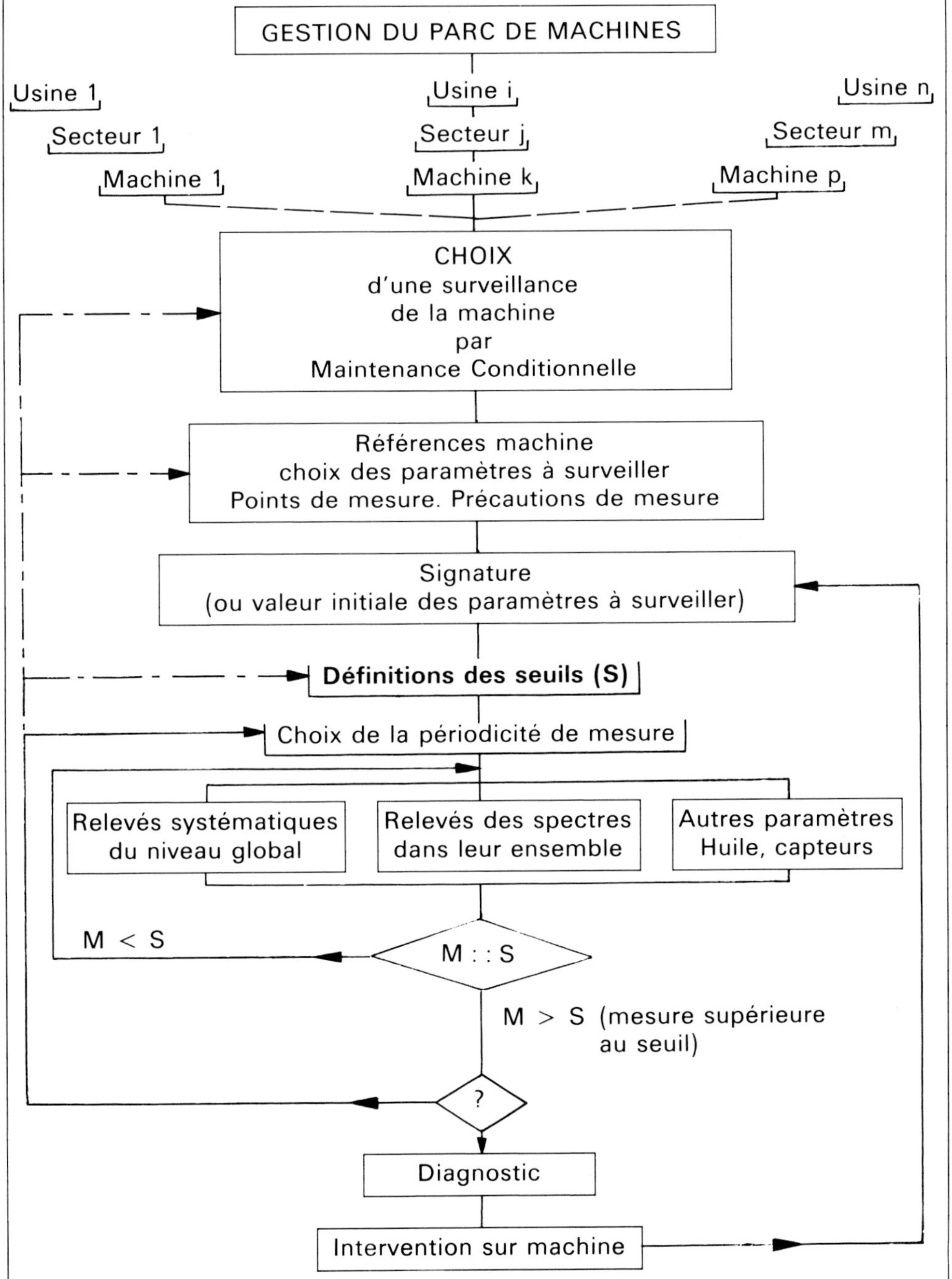

(Source : Campagna et Varenne)

L'informatique à l'aide de la maintenance.

7. Logiciel de traitement

Un système de gestion informatisée des mesures effectuées devient très vite indispensable au service maintenance. Il permet d'aider le personnel dans ses travaux de stockage, de tri et de comparaison nécessaires à la prise de mesures, à l'analyse et au diagnostic.

Le programme sera étudié selon le cas pour une surveillance périodique ou pour une surveillance continue.

7.1. Logiciel de traitement pour une surveillance périodique

Ce logiciel devra permettre de :

- collecter les signatures ou paramètres de base de chaque appareil,
- transférer des instructions au collecteur de mesures portable :
  - — route à suivre,
  - — machines à contrôler,
  - — points de mesures à prendre,
- collecter les informations au retour de la prise des mesures demandées,
- mettre en évidence les mesures et les matériels dépassant les seuils d'alarme fixés (rapport d'alarme),
- évaluer la tendance évolutive de l'anomalie détectée (courbe de tendances simple ou multiple),
- comparer les spectres effectués à dates différentes,
- faire apparaître l'historique des pannes concernant la machine, ...

7.2. Logiciel de traitement pour une surveillance continue

Ce logiciel devra permettre de :

- collecter les signatures et paramètres de base de chaque appareil,
- effectuer le prélèvement et le traitement des signaux reçus,
- donner l'alarme en fonction de la stratégie adoptée et des seuils fixés,
- stocker les données, ...

Surveillance périodique ou continue.

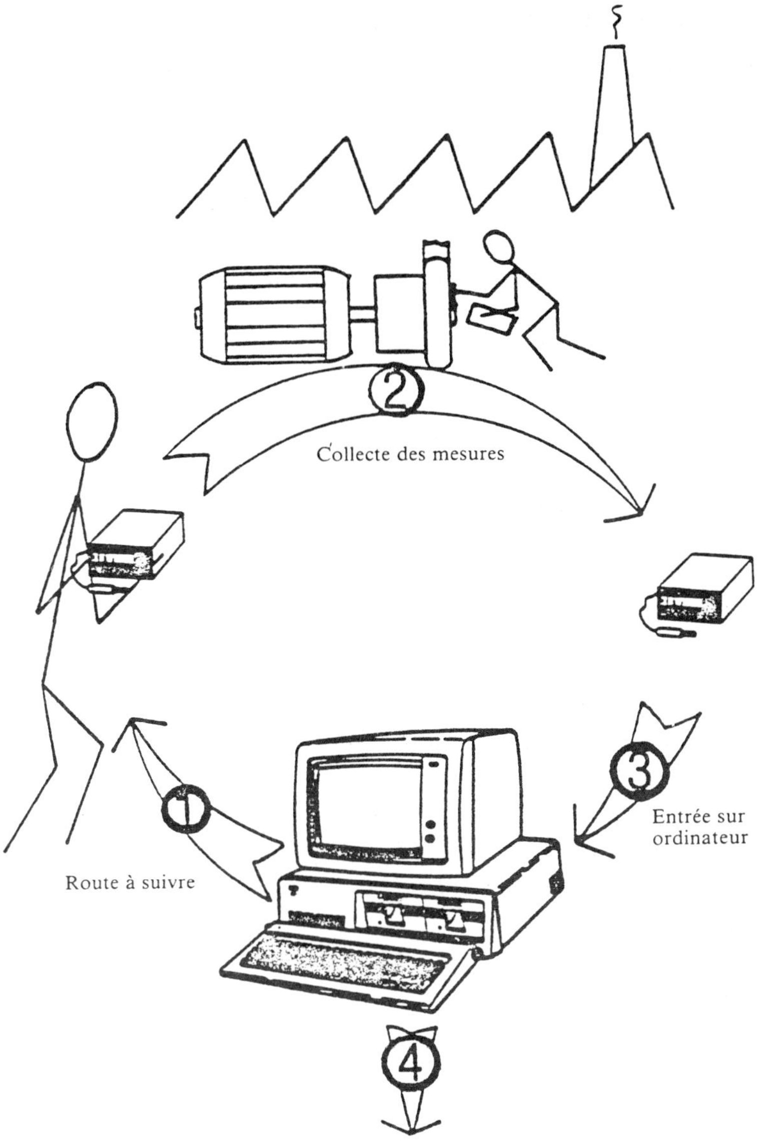

Surveillance périodique informatisée
(Source : METRAVIB Instruments)

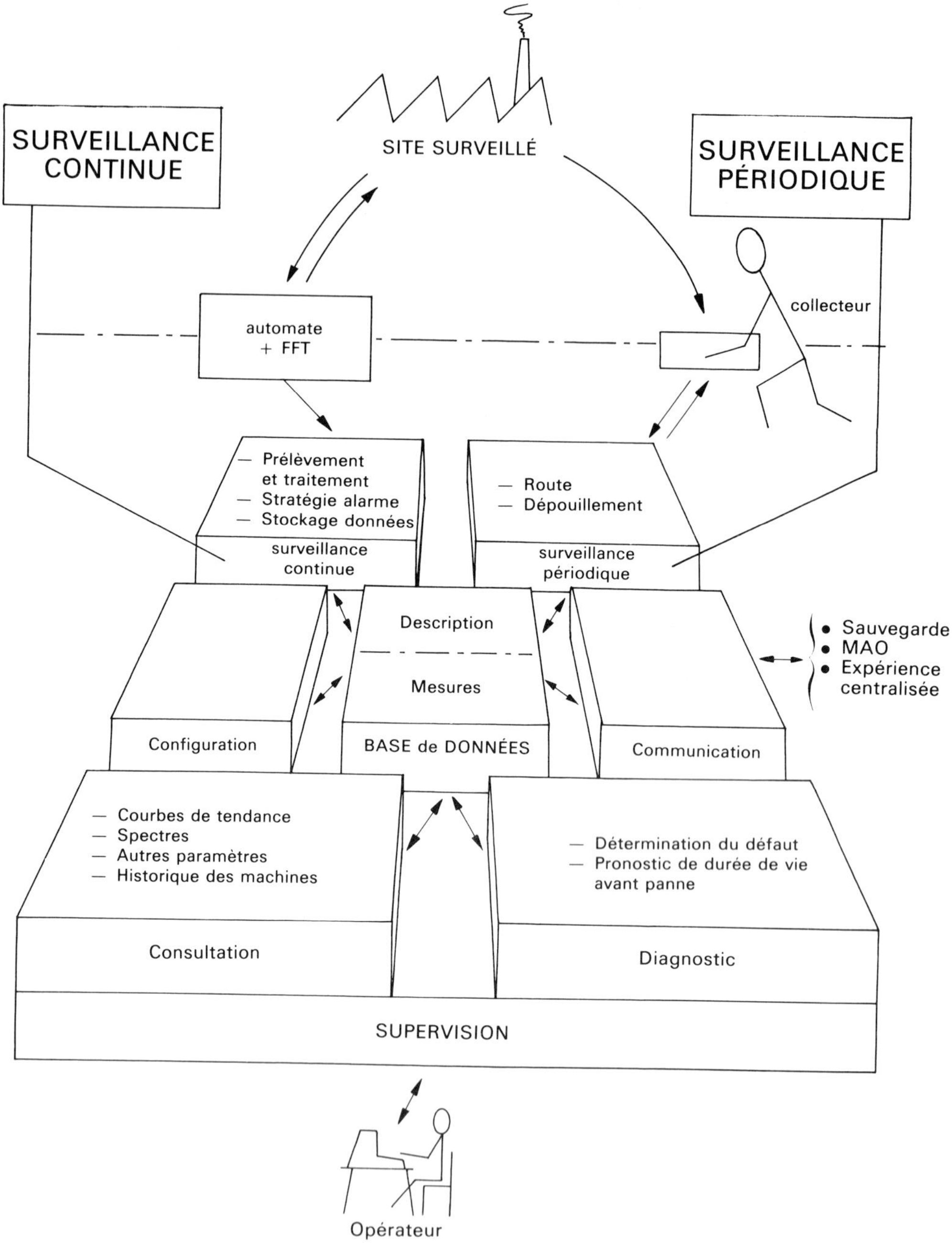

Organisation d'un système informatisé

(Source : METRAVIB Instruments)

Motivation...

8. Le personnel de maintenance conditionnelle

8.1. Revalorisation de la tâche

La maintenance conditionnelle nécessite de l'intuition, de l'expérience, de la logique et une technologie sophistiquée.

La technologie sophistiquée requiert l'emploi de l'informatique et de l'électronique qui amènent des outils modernes, d'une extraordinaire performance.

Ces outils qui ont fait l'objet de notre chapitre 2 loin de déshumaniser la fonction comme c'est souvent le cas avec l'introduction de l'informatique dans un service, devraient permettre au contraire à l'opérateur de retrouver, dans de **meilleures conditions,** l'approche intuitive et déductive de la perception des anomalies qu'il avait due abandonner au profit d'actions systématiques. Les anciens, en effet, n'appréhendaient-ils pas de façon intuitive une anomalie mécanique, uniquement en évaluant à la main l'importance des vibrations d'une machine ou en « analysant » empiriquement l'huile d'un moteur, d'un simple regard sur la couleur ou sur les impuretés ? La maintenance systématique avait en grande partie supprimé ces pratiques jugées trop aléatoires et les avaient remplacées par des opérations de routines. La maintenance conditionnelle peut rendre au personnel de la maintenance sa motivation en lui donnant des outils qui lui permettent, en basant son raisonnement sur des informations factuelles controlées, d'exprimer avec une fiabilité toute nouvelle, sa compétence, sa logique et son expérience.

8.2. Spécificité du personnel et formation

La maintenance conditionnelle nécessite deux sortes d'opérateurs :

- Le **technicien,** de formation électrotechnique de préférence, qui exécutera les mesures suivant un plan ou « route » défini et préparé à l'avance pour chaque machine.

... et crédibilité.

Valorisation.

- L'**ingénieur** ou le **responsable de maintenance,** de formation polyvalente de préférence, qui devra, avec l'aide d'un logiciel sur ordinateur :
  — préparer le plan de mesures,
  — définir les seuils,
  — rassembler les informations,
  — établir le diagnostic,
  — estimer les tendances,
  — planifier les réparations.

Le personnel travaillant dans les services de maintenance traditionnelle n'éprouvera aucune difficulté pour effectuer les **opérations de mesures** des paramètres nécessitées par la maintenance conditionnelle.

Le responsable de maintenance devra être formé à la **pratique des analyses** et à l'étude **des diagnostics,** formations données par de nombreux fournisseurs et organismes divers mais qui ne peuvent remplacer l'expérience et la motivation.

8.3. Evolution de la mission économique

Indépendamment des problèmes déjà cités concernant la nécessité d'une formation et d'une motivation du personnel sans lesquelles rien ne peut se faire correctement, il convient de noter que la maintenance moderne dont fait partie la maintenance conditionnelle, à certes une vocation technique, mais aussi et de plus en plus une mission économique. Or, le personnel maintenance n'est pas toujours préparé à cette nécessaire dimension de sa tâche. L'ingénieur et le technicien de maintenance actuelle sont des hommes de terrain qui réparent et entretiennent la machine dans le souci d'augmenter sa disponibilité, mais en éludant parfois l'aspect rentabilité du service et de la production.

Vers une plus grande...

Cette dimension économique n'est pas un critère spécifique de la maintenance conditionnelle, mais elle est un des aspects du rôle de la maintenance d'aujourd'hui auquel le personnel doit être sensibilisé. Puisse l'attrait d'une technique nouvelle amener cette nécessaire transformation dans l'esprit des responsables maintenance mais aussi dans celui des autres services et notamment la production. La maintenance conditionnelle, avec ses outils

... responsabilisation.

puissants qui permettent de mieux prévenir les risques de pannes, doit pouvoir devenir le point de départ d'une négociation, entre les services maintenance et production, qui aboutirait à « contrat » où seraient mis en balance le **coût des moyens à mettre en œuvre et le gain apporté par l'amélioration du taux de disponibilité** demandé à la machine. Par ce type de maintenance, où l'on « casse » moins et où l'on empêche davantage l'arrêt inopiné de la fabrication, le responsable de service sera donc amené à **estimer son budget** non plus seulement en fonction des coûts d'entretien des équipements, mais de plus en plus **en fonction des actions à entreprendre pour gagner des points sur les coûts inhérents aux pertes de production.**

9. Investissement

L'investissement en matériel, pour la mise en place d'un programme de maintenance conditionnelle en surveillance périodique, est relativement modeste puisque :

- Pour **l'analyse des vibrations** :
  - le prix d'un capteur d'accélération se situe entre 2 000 et 4 000 F;
  - un collecteur de mesures portatif coûte de 50 000 à 150 000 F selon la complexité des fonctions demandées;
  - un logiciel s'achète de 10 000 à 100 000 F selon l'importance des menus désirés;
  - un micro-ordinateur (genre IBMPC) nécessite un investissement d'environ 30 000 F.

- Pour **les analyses d'huile** :
  - une analyse ferrographique revient à 850 F environ.

Par contre, il faut bien garder à l'esprit que la maintenance conditionnelle ne résoudra pas instantanément tous les problèmes de pannes car l'expérience et la capacité à produire un diagnostic valable, ne s'acquièrent pas du jour au lendemain. De plus il faut du temps pour répertorier les machines, leurs caractéristiques, les points de mesures nécessaires, établir les signatures de base, l'historique et la courbe de tendance de chaque appareil.

Un investissement réfléchi...

... et progressif.

Tout chef d'entreprise qui désire se lancer dans cette voie, doit tenir compte de cette remarque sous peine de cruelle désillusion. Le plus lourd de l'investissement en maintenance conditionnelle est de loin dans la phase d'acquisition de la maîtrise de la méthode, dans la connaissance du parc machines et dans la mise sur fichier des données.

Rappelons qu'il n'est pas indispensable d'avoir dès le début de la mise en place de ce type de maintenance, un matériel excessivement complexe, ni obligatoire de l'appliquer à un ensemble trop important de machines. Il est sans doute préférable de commencer par l'appliquer à un petit nombre de machines sélectionnées avec du matériel simple mais de qualité et de faire par une expérience soignée et réussie, la preuve de la pertinence de cette méthode.

voir page 126

Rappelons enfin aux responsables qui désirent investir moins ou s'engager progressivement dans cette nouvelle politique d'entretien, qu'il existe des sociétés spécialisées dans ce type de prestations.

Une expérience vécue et réussie

4

1. **Programme de surveillance**
2. **Moyens en personnel**
3. **Méthode d'analyse et de diagnostic**
4. **Résultats obtenus**

L'exemple d'une usine pétrochimique. (BRUEL et KJAER)

En juillet 1980, la première unité de production de l'usine Mobil de Latour était mise en service puis doublée fin 1982. Démarrer une nouvelle usine pétrochimique nécessite la mise en place d'un service entretien avec ses ateliers labos et magasins. Mais cela implique surtout des choix à faire au niveau de la stratégie, de l'organisation et des méthodes d'entretien.

Voici le résumé (tiré d'un article de M. Christian Claessens) d'une expérience portant sur 2 ans et demi, avec les alternatives choisies, les techniques utilisées et les résultats obtenus par la mise en place d'une stratégie de maintenance conditionnelle. Dans ce résumé nous appellerons phase 1 ou phase initiale l'état de l'unité de production jusqu'en fin 1982 et phase 2 (ou phase actuelle) l'état de cette unité doublée et dotée de matériel informatique.

1. Programme de surveillance

La principale difficulté pour implanter ce type de maintenance est de déterminer la liste des équipements à surveiller et la périodicité des mesures à effectuer. En ce qui concerne l'installation de Latour, voici le tableau récapitulatif du programme de surveillance qui a été retenu.

A la lecture du tableau page 107 on remarquera qu'il s'agit d'une tâche qui demande des moyens importants non seulement en matériels mais aussi en personnel. En effet, il faut non seulement effectuer les mesures mais aussi les analyser, les classer et suivre leur évolution.

Toute anomalie constatée est suivie des actions suivantes :

Une surveillance améliorée...

- augmentation de la cadence des mesures là où l'anomalie est repérée;
- prises de mesures complémentaires en vue de poser un diagnostic;
- préparation d'une intervention lors d'un arrêt programmé.

Paramètre de surveillance	Équipements surveillés	Nombre de points de mesure	Appareillage de mesure	Périodicité
Mesures de vibrations	Tous les équipements rotatifs : — Moteurs — Réducteurs — Transmissions — Pompes — Ventilateurs — Compresseurs...	800	— 1 analyseur analogique — 1 enregistreur magnétique — — 1 analyseur FFT — 1 enregistreur portatif — 1 calculateur avec périphériques	1re phase 6 semaines — 2e phase 4 semaines
Mesures d'ondes de choc	Tous les paliers à roulements (rouleaux et calandres)	800	— 1 mesureur d'onde de choc — 50 capteurs fixes à câbiage regroupé	4 semaines
Analyses d'huiles	— Circuits de chauffage à huile thermique — Réducteurs — Circuits hydrauliques	200	— Partiellement sous-traité à Mobil Oil — Équipement de filtration sur membrane — Microscope — Kit de détermination de la teneur en eau	3 mois
Analyses d'eaux	— Circuits de refroidissement fermés — Circuits de refroidissement ouverts — Circuits de chauffage à eau chaude	15	— Équipement de titration — Ph-mètre portable	1 semaine
Thermographie	— Équipements haute-tension accessibles — Distribution basse-tension — Électronique de puissance — Armoires de relayage	150 équipements environ	— Sous-traité à un consultant	6 mois

2. Moyens en personnel

... sans augmentation en temps et en effectif.

L'installation, dans la première phase, était équipée d'un matériel manuel (analyseur analogique et classement manuel) puis, en fonction du résultat obtenu grâce à celui-ci ainsi que de l'augmentation du volume des données avec l'extension de l'usine, le service entretien s'est doté d'un analyseur FFT * et d'un micro-ordinateur permettant de réduire de façon spectaculaire le temps consacré aux mesures de vibrations, et plus particulièrement à l'analyse spectrale.

* *Voir Glossaire page 124*

Voici sous forme de 3 tableaux comparatifs l'estimation des gains en temps constatés malgré l'augmentation du nombre de points de mesure.

Le tableau 1 montre la phase initiale utilisant un matériel manuel.

Le tableau 2 montre la projection fictive du doublement de la phase initiale (toujours en matériel manuel).

Le tableau 3 montre la phase actuelle dotée d'un calculateur.

Paramètres	Phase initiale		
	Périodicité (semaines)	Nombre de points de mesure	Temps moyen par mois (minutes)
Vibrations (analyse spectrale)	6	400	4 000
Mesures d'ondes de choc	6	750	1 500
Analyses d'huiles	3 mois	120	200
Analyses d'eau	1	13	780
Analyse et classement des données			3 600
Diagnostic et prise de décision			1 000
Temps total			11 080
Nombre d'heures/mois			185
Nombre d'opérateurs			1
Temps ingénieur			10 %

Paramètres	Projection doublement phase initiale		
	Périodicité (semaines)	Nombre de points de mesure	Temps moyen par mois (minutes)
Vibrations (analyse spectrale)	6	800	8 000
Mesures d'ondes de choc	6	800	1 000
Analyses d'huiles	3 mois	200	330
Analyses d'eau	1	15	900
Analyse et classement des données			6 020
Diagnostic et prise de décision			1 900
Temps total			18 750
Nombre d'heures/mois			313
Nombre d'opérateurs			2
Temps ingénieur			20 %

Paramètres	Phase 2 actuelle (avec calculateur)		
	Périodicité (semaines)	Nombre de points de mesure	Temps moyen par mois (minutes)
Vibrations (analyse spectrale)	4	800	3 200
Mesures d'ondes de choc	4	800	2 400
Analyses d'huiles	3 mois	200	667
Analyses d'eau	1	15	900
Analyse et classement des données			2 313
Diagnostic et prise de décision			1 000
Temps total			10 480
Nombre d'heures/mois			175
Nombre d'opérateurs			1
Temps ingénieur			10 %

Dans ces temps (pour les 3 tableaux), ne sont pas inclus :
— la formation du personnel ;
— la réalisation physique des points de mesure (goujons, taquets, repérage, prises d'échantillons, etc.).

On constate ainsi que l'informatisation du matériel a permis de doubler le nombre de points de mesures, de diminuer l'intervalle entre les mesures systématiques (de 6 à 4 semaines) sans augmentation du temps consacré à l'entretien et sans augmentation de l'effectif en personnel. En outre, l'efficacité du système s'est trouvé grandement améliorée, les opérateurs se trouvent soulagés d'un travail jugé particulièrement fastidieux.

3. Méthode d'analyse et de diagnostic

Concernant l'étude des vibrations, la méthode d'investigation retenue a été celle des analyses spectrales dès la recherche des anomalies plutôt que la méthode de recherche globale jugée moins efficace et moins motivante pour le personnel.

La prise d'informations a été confiée à du personnel non spécialisé ce qui implique un équipement préréglé, facile à mettre en œuvre ainsi que des points de mesure bien repérés et identifiés.

Des méthodes diversifiées...

... qui ont fait leurs preuves...

Cette procédure a permis la prise de mesures par du personnel de garde, par exemple la nuit ou le week-end avec un minimum de supervision.

L'analyse automatique des données a supprimé beaucoup d'estimations de lectures d'échelles et d'appréciations subjectives.

Lorsqu'une anomalie est constatée, soit au niveau de l'analyse spectrale, soit au niveau des mesures « d'onde de choc », se pose le problème d'établir un diagnostic et d'estimer la durée probable de marche avant l'avarie.

Les autres méthodes d'investigation fournissent également des informations complémentaires, telle l'anomalie sur un réducteur détectée par analyse fréquentielle et confirmée par l'augmentation de la teneur en débris dans l'huile ou par une modification de leur granulométrie (ferrographie).

En outre, l'usine met en œuvre des méthodes propres au diagnostic :

- analyse stroboscopique, utilisée pour l'analyse des transmissions à courroies et plus spécialement pour les courroies crantées;
- comptage des impulsions d'onde de choc. Dans le cas de roulements tournant à très basse vitesse, l'amplitude de ces impulsions n'étant pas toujours significative de l'état réel du roulement, l'usine utilise de préférence un comptage sur une période d'une minute, ou un enregistrement graphique des impulsions en fonction du temps. Le « noircissement » du papier devient le critère d'évaluation de l'état du roulement;
- examen de la phase relative du balourd, à l'aide d'un phasemètre d'équilibrage et d'une cellule photoélectrique. Ceci permet de fournir des informations quant à l'état de composants internes de calandres par exemple. (Corrosion, dépôts, desserrages...);
- analyse des bandes latérales des fréquences d'engrènement des réducteurs. Les fréquences d'engrènement peuvent être étudiées :
  - soit directement, à l'aide de la fonction « zoom » de l'analyseur et de petits programmes de recherche de bandes latérales;

... et qui ont apporté...

— soit par l'intermédiaire du calcul d'un « cepstrum ». Celui-ci permet de mettre en évidence des raies spectrales se reproduisant périodiquement sur le spectre, comme les harmoniques et les bandes latérales.

... des gains significatifs.

4. Résultats obtenus

Les résultats d'un programme de maintenance ne sont pas faciles à chiffrer.

Le succès va se traduire par le temps accru de disponibilité des équipements et par la diminution des frais d'entretien.

Voici approximativement les gains obtenus sur une période de 18 mois (janvier 1981-juillet 1982) portant sur les 28 cas considérés ci-après (page 112).

Ont été notés :

- le gain en frais d'entretien directs, c'est-à-dire la différence entre les coûts des réparations effectuées lors d'un arrêt programmé (suite à la détection précoce d'un défaut) et les frais qu'aurait entraînée une panne suite à l'évolution incontrôlée du défaut;
- le gain en temps de production du fait que la réparation a été faite lors d'un arrêt programmé (par exemple lors d'un changement de production) et de son ampleur réduite par rapport à une intervention sur panne.

Il s'agit donc, globalement, d'économies réalisées par rapport à un entretien correctif.

L'économie par rapport à un entretien préventif systématique est plus difficile à estimer, étant donnée la difficulté à chiffrer l'efficacité de celui-ci. Cet exemple est néanmoins pleinement significatif de l'importance des gains réalisables, dans une usine, avec ce type de maintenance.

N°	Machine	Organe	Défaut détecté	Gain estimé (en F)	Temps d'arrêt évité (heures)
1	201	Calandre slitter	Roulement et tourillon endommagés	33 000	16
2	201	MDO 1	Quatre roulements endommagés (défaut de montage)	60 000	30
3	202	Pompe de refroidissement extrudeuse	Palier moteur et accouplement	5 000	8
4	201	Moteur DC extrudeuse	Balais et porte-balais défectueux	75 000	120
5	211	Calandre d'enduction	Défaut de montage palier	53 000	12
6	202	MDO 2	Arbre cardan defectueux	8 000	8
7	auxil.	Pompe de circulation n° 1	Bâti desserré des fondations	6 000	4
8	201	TDO-ventilateur n° 9	Fissure sur mobile	11 000	6
9	211	Rouleau refroidisseur n° 2	Palier défectueux	26 000	30
10	201	Pompe ligne de transfert	Palier défectueux	8 000	8
11	201	Soufflante du couteau à air	Balourd rotor	13 000	12
12	202	Aide-jauge	Accouplement moteur défectueux	3 000	6
13	211	Entrainement traiteur E	Réducteur (mauvaise pré-tension des roulements)	9 000	8
14	202	MDO 3 — Renvoi d'angle	Roulement abîmé sur arbre d'attaque	6 000	3
15	201	Réducteur principal — traiteur W	Usure pignon d'attaque due à un mauvais montage	6 000	5
16	211	Rouleau refroidisseur n° 1	Roulement défectueux	26 000	12
17	211	Rouleau sortie four n° 2	Roulement défectueux	5 000	4
18	211	Rouleau refroidisseur n° 3	Porte-palier fissuré	13 000	12
19	202	Enrouleur W	Tourillon endommagé	20 000	3
20	201	Transfert aérien 3 et 5	Roulements usés	5 000	3
21	202	Traiteur E	Mauvais alignement poulies	4 000	2
22	202	Entrainement déplisseur sortie four	Réducteur à sec, joint défectueux	9 000	13
23	211	Accouplement Schmitt TCI	Roulement à aiguilles défectueux	9 000	6
24	203	Pompe à fluide thermique n° 9	Roulement usé	4 000	3
25	201	Ventilateur de circulation four	Balourd dû à des dépôts sur le rotor	5 000	4
26	203	Entrainement presseur	Désalignement poulies	5 000	2
27	202	Réducteur aide-jauge	Réducteur à sec, fuite à la garniture	9 000	3
28	203	Extrudeuse planète	Désalignement moteur	20 000	10
			TOTAL	456 000	253

Avantages et limites de la maintenance conditionnelle

5

1. Avantages

2. Limites

Des avantages variés...

1. Avantages

La maintenance conditionnelle permet :

- ***Une augmentation de la longévité du matériel***

Le matériel étant suivi selon son état de fonctionnement n'est plus remplacé systématiquement, et la surveillance permet d'éliminer au fur et à mesure de leur apparition des défauts mineurs qui pourraient l'endommager.

- ***Un contrôle du matériel mieux géré***

Après les premières visites effectuées à intervalles fixés arbitrairement, la périodicité des contrôles sera définie en fonction des besoins et de l'état réels du matériel contrôlé. La fréquence des visites sera donc optimisée en offrant un maximum de sécurité pour un minimum de temps consacré aux contrôles.

- ***Un coût des réparations moins élevé***

Une machine qui casse, occasionne des dégâts et des coûts de réparation supérieurs à ceux d'une réparation effectuée avant la rupture. Une réparation « catastrophe », effectuée en urgence, se paie beaucoup plus cher qu'une intervention programmée.

- ***Une amélioration de la productivité de l'entreprise***

La réduction du nombre d'arrêts intempestifs de la production et la planification des heures de réparation

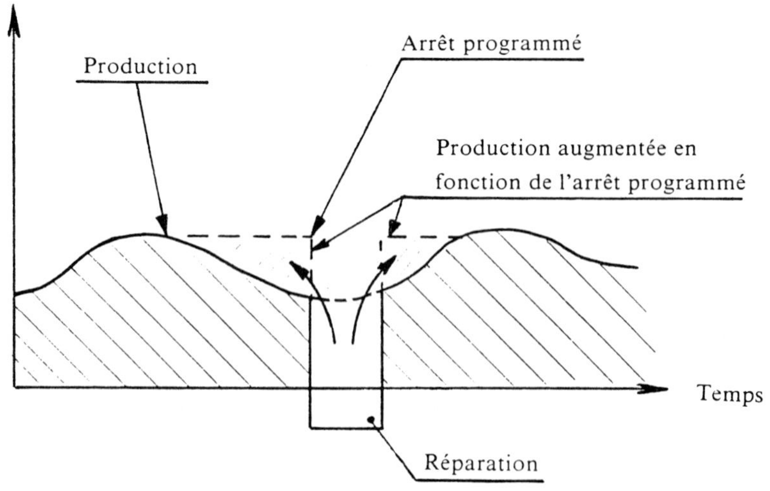

... nombreux...

... et indiscutables.

pendant les heures creuses de production, permettent une optimisation de la productivité de l'entreprise.

- ***La diminution des stocks de production***

La probabilité du nombre de pannes « catastrophe » étant limitée, la nécessité de la création d'un stock tampon important pour « faire face » s'en trouve d'autant diminuée.

- ***La limitation des pièces de rechange***

Le risque de panne étant détecté à l'avance, la remise en état étant planifiée, la liste des pièces de rechange peut être allégée. De plus celles-ci seront commandées dans de meilleures conditions de prix et de délai.

- ***Une amélioration de la sécurité***

Le contrôle de l'évolution de paramètres définis permet de détecter l'anomalie avant l'accident, de l'éviter ou d'en diminuer les conséquences.

- ***Une meilleure crédibilité du service entretien***

La nécessité des réparations est moins « subjective » du fait de la trace écrite de l'état de « santé » de l'appareil. Cette méthodologie, plus rationnelle permet d'augmenter la crédibilité du service entretien auprès de l'ingénieur production et de la direction générale de l'entreprise.

- ***Une plus grande motivation du personnel maintenance***

Grâce à un matériel de haute technologie et avec des résultats prouvés, le service maintenance devient vite un service reconnu, estimé et consulté. Le personnel maintenance se sent plus impliqué dans des tâches moins systématiques et plus motivantes.

- ***Une image de marque de la société rehaussée***

La maintenance fait partie intégrante de la qualité. La maintenance conditionnelle assure un meilleur entretien de l'appareil de production, permettant l'élaboration d'un produit de qualité avec le respect des délais.

La maintenance conditionnelle permet aussi un **meilleur service après vente,** assurant le renom du fournisseur.

La maintenance conditionnelle ne s'applique pas à n'importe quoi.

2. Limites

• Techniques

L'efficacité d'une maintenance conditionnelle est subordonnée à l'efficacité et à la fiabilité des paramètres de mesure qui la caractérisent.

La maintenance conditionnelle sera donc réservée aux matériels dont l'évolution d'éventuels défauts est facilement détectable et mesurable avec des capteurs fiables. Il s'agira principalement (bien que la liste ne soit pas exhaustive du fait des progrès rapides effectués dans ce domaine) :

— des machines en mouvement (capteurs vibrations-analyse huiles...);
— des canalisations (détection fuites...);
— des équipements soumis à température ou pression (capteurs);
— des transformateurs électriques (analyse chromatographique...);
— des appareils soumis à déformation (examen de structure ou de surface).

• Economiques

Le responsable du service maintenance doit gérer et entretenir un parc de matériels avec le plus de fiabilité possible, au plus juste coût.

Le choix du type de maintenance devra toujours résulter d'un compromis financier et technique. De ce fait l'ingénieur responsable devra effectuer pour chaque appareil la comparaison des avantages et des inconvénients inhérents à chaque type de maintenance.

La maintenance conditionnelle ne devra être appliquée que lorsque l'inéquation suivante sera respectée :

Il faut tenir compte des limites techniques et économiques.

Avantages de la maintenance conditionnelle	$>$	Coût de la maintenance systématique ou corrective

Un choix de bon sens.

En pratique l'application de cette inéquation se traduit par l'utilisation simultanée dans l'entreprise des 3 types de maintenance, en fonction de chacun des appareils constituant la ligne de production.

- La maintenance corrective sera généralement réservée aux appareils dont l'indisponibilité a peu d'incidence sur la production et dont le coût annuel supposé des réparations reste acceptable, ainsi évidemment qu'aux pannes imprévisibles.
- La maintenance systématique sera généralement employée :
  - pour les opérations de graissage,
  - pour les vérifications obligatoires périodiques (tests Mines, Apaves, etc.),
  - pour le remplacement des pièces d'usure de faible coût (joints, garnitures, fusibles...),
  - chaque fois que des mesures fiables seront impossibles à obtenir.
- La maintenance conditionnelle sera généralement limitée :
  - aux machines vitales pour la production,
  - aux appareils dont la panne compromettrait la sécurité,
  - aux machines critiques dont les pannes sont fréquentes et onéreuses.

A noter que dans aucun cas les inspections visuelles de routine (portes de visite ou capots ouverts, graisseurs cassés, bourrages...) ne devront être supprimées. Elles seront effectuées soit dans le cadre de la maintenance conditionnelle si elle se fait par matériel portable en surveillance périodique, soit dans le cadre de visites systématiques.

Algorithme du choix du type de maintenance applicable à chaque machine

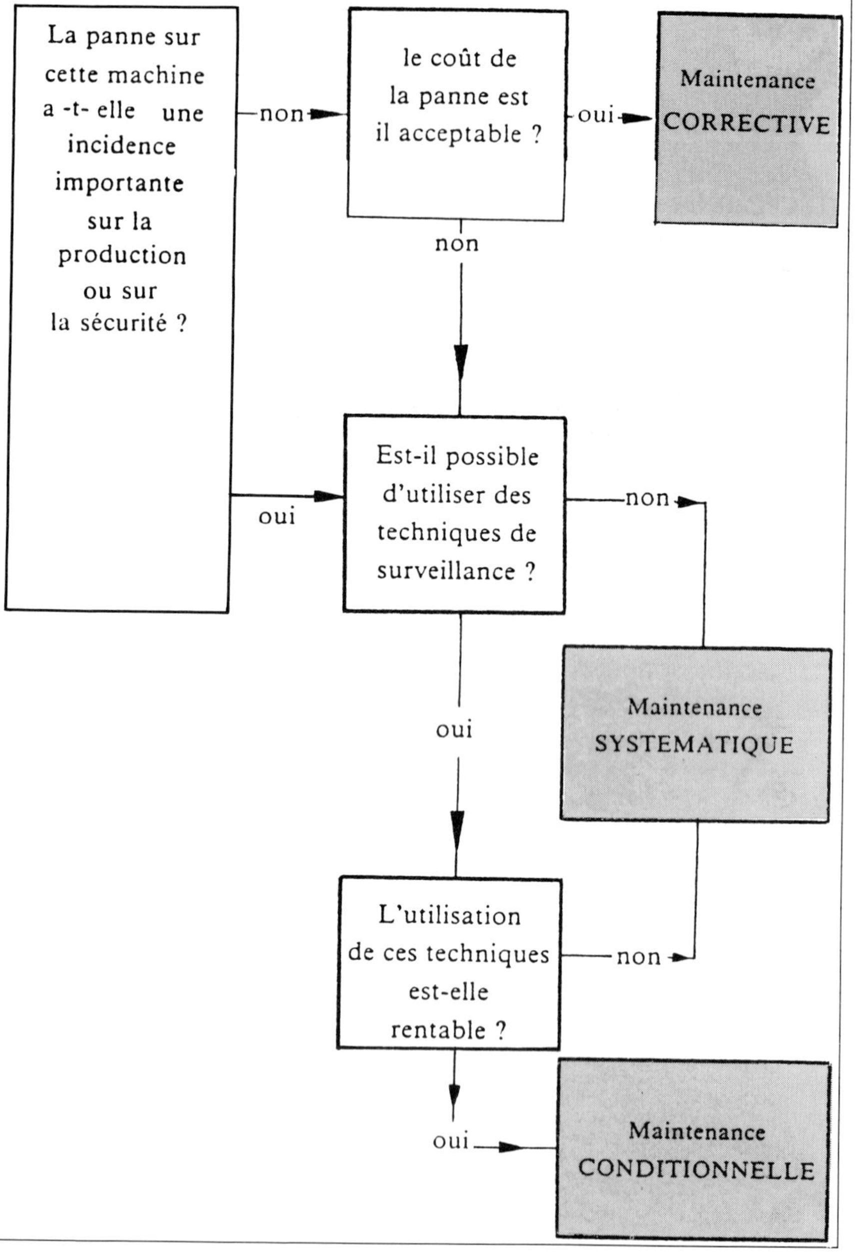

6

Perspectives

Comme nous l'avons vu en introduction, la fonction maintenance gagne ses lettres de noblesse et devient une fonction clef des entreprises de production. Elle agit comme facteur de productivité, élément de sécurité, argument de vente d'équipements de production et promotion de la réputation de l'entreprise.

Dans ce contexte propice à la recherche de solutions d'amélioration du service, la mise en place d'une maintenance conditionnelle paraît pleinement justifiée et ce type de maintenance, qui commence à peine à s'implanter en France, semble avoir d'exceptionnelles perspectives de développement dans un avenir très proche.

Nous avons vu que la maintenance conditionnelle avec ses limites présentait des atouts importants vis-à-vis des autres types de maintenance :

- Réduction des coûts de maintenance par l'amélioration de la longévité du matériel, la suppression de travaux urgents et la programmation de l'achat des pièces de rechange.
- Augmentation de la production par l'augmentation de la disponibilité des machines et par la programmation des interventions en fonction des campagnes de production.
- Amélioration de la sécurité par le contrôle périodique des machines.
- Réduction du stock de pièces de rechange par l'augmentation de la fiabilité de l'appareil de production.
- Efficacité du service après vente doté d'appareils performants de détection.
- Crédibilité accrue du service maintenance, meilleure concertation entretien/production.

Ces atouts devraient amener la plupart des entreprises de production à l'adopter et à l'adapter à leurs besoins.

Les progrès techniques et technologiques qui ont permis cette nouvelle vision de la maintenance et qui continuent sans cesse à l'améliorer, notamment dans les domaines de la détection des défauts, l'établissement du diagnostic et dans la proposition du pronostic du temps résiduel avant rupture, font de la maintenance conditionnelle un outil d'avenir qui s'adresse à un domaine de plus en plus vaste d'investigation. Que ce soit pour connaître l'évolution de la résistance d'une poutre ou d'une structure, vérifier l'épaisseur d'une tôle ou le degré de fissuration éventuelle d'une aile d'avion, que ce soit pour étudier l'état de fonctionnement d'une machine tournante ou pour renforcer la sécurité d'une unité de fabrication de produits toxiques, la maintenance conditionnelle avec ses outils principaux que sont les analyses de vibrations, analyses d'huiles et effluents, systèmes experts et capteurs, a un champ d'action et d'évolution qui devrait l'imposer.

De plus, la maintenance conditionnelle, loin de contrarier une réflexion plus globale sur les moyens d'améliorer la productivité, peut, au contraire, être le point de départ d'un éventuel plan directeur de modernisation plus vaste du service maintenance (GMAO), Fusion services maintenance et production, sous-traitance partielle...). Dans ce cas, la maintenance conditionnelle, par la réussite d'une application pratique, concrète, faisant appel à des méthodologies et des outils dont l'efficacité a déjà été démontrée, permettra :

- La sensibilisation nécessaire du personnel maintenance et services production aux problèmes de qualité et de productivité.
- L'acceptation plus aisée d'une implantation de l'informatique, celle-ci étant alors présentée non point comme actuellement (avec certaines réticences) pour répondre à des fins souvent uniquement budgétaires, mais, en priorité, comme outil d'aide au diagnostic et au suivi de « l'état de santé » de l'appareil de production.

La maintenance conditionnelle, quelle soit prise en compte par l'unité de production ou sous traitée à des sociétés spécialisées, est donc bien aujourd'hui, lorsqu'elle est soigneusement préparée et adaptée à chaque entreprise, un des moyens les plus sûrs d'optimiser le service maintenance, d'améliorer la productivité, de motiver le personnel et d'assurer auprès de la clientèle le renom de l'entreprise.

Bibliographie

- *La maintenance, mathématiques et méthodes*
  P. Lyonnet, Tec. Doc Lavoisier
- *La fonction entretien*
  Etude de la CEGOS 1985
- *Axes d'une politique industrielle pour la maintenance*
  Rapport du groupe de réflexion et d'orientation de la maintenance au ministère du redéploiement industriel et du commerce extérieur.
  AFNOR, août 1984
- *Des machines et des hommes*
  Pour l'emploi par une meilleure utilisation des équipements
  Rapport au Premier Ministre
  Dominique Taddei, 1986
- *Evolution de la fonction maintenance dans l'entreprise industrielle*
  Yves Lavina, consultant à la Cegos
  Revue Achats et Entretien, décembre 1985
- *Maintenance assistée par ordinateur*
  Gabriel M., Y. Pimor, Editions Masson
- *Comment informatiser sa maintenance*
  A. Robert, Edition Cort Usine Nouvelle
- *Maintenance assistée par ordinateur*
  Journées techniques, Asea Services, Ph. Damiens 1986
- *Choix d'une stratégie de maintenance*
  Louis Martin directeur de la division sud de l'association Vinçotte
- *La réduction des coûts de maintenance industrielle*
  J. Gras, Chef départ. maintenance Seri Renault Automation
  Revue Achats et Entretien, octobre 1985
- *Evolution de l'entretien systématique vers l'entretien prédictif*
  Charles Laurent, IRD Méchanalysis 1985
- *La maintenance prédictive, un impératif industriel*
  J. Baps, Direct. général IRD
  Revue Achats et Entretien 1983
- *Maintenance prédictive, séminaire CAP MAINTENANCE*
  H. Campagna, A. Mons, M. Varenne, J. Weissmann
- *La gestion des pannes*
  Rémi Descans et R. Sanner, Ingénieurs groupe Lausanne
  Revue Achats et Entretien, mars 1986

- *Les diagnostics de défaillances*
  J.F. Marney et D.J. Foord
  Revue Achats et Entretien, janvier 1986
- *Les mesures de vibrations, une économie sur le coût de l'entretien*
  M. Neubert (Apave)
- *La maintenance des machines par l'étude des vibrations*
  J. Michel, Institut Français du Pétrole
- *Vibrations et maintenance*
  Conférences techniques Rhône Poulenc Ingénierie 1985
- *La maintenance des machines par l'étude des vibrations*
  Intervention de M. Campagna à l'IFMI 1979
- *Les mesures de vibrations dans une stratégie d'entretien prévisionnel*
  Christian Claessens, Mobil Plastics Europe, Inc.
- *Vibrations mécaniques*
  GW Van Santen, Bibliothèque Tech. Philips Edition Dunod
- *La surveillance vibratoire, maintenance prédictive de l'outil de production*
  Conférence sur la journée de la qualité organisée par l'AFICE et l'AFQ le 30 janvier 1986
- *La maintenance conditionnelle des machines tournantes par la surveillance vibratoire*
  E. Luanco (Dunegan France), Revue Maintenance, Février 1986
- *Analyse des lubrifiants industriels appliquée à la surveillance des machines*
  M. Ganier, CETIM
- *De l'analyse de l'huile... à la surveillance des machines*
  J.D. Fabrega, Dir. Techn. Laboratoire Candra
- *L'apport potentiel des systèmes experts à l'activité maintenance*
  D. Lorpin, Ingénieur MSI
  Revue Achats et Entretien, novembre 1985
- *Le suivi du matériel en Service-Ferrographie*
  Jean Dhers
  Revue Maintenance juin 1987
- *Documentation fournisseurs :*
  Apave, Aséa, Bruel Kjaer, Bently Nevada, Campagna et Varenne, Candra, CAP Gemini Sogeti, Cétim, Dunegan, Endevco, IRD Mechanalysis, Metravib, Mobil, Schenck, Scientific Atlanta, SKF, Vibro-meter, ...

Glossaire

Dans la mesure du possible, la définition des mots techniques employés a été donnée au fur et à mesure de leur utilisation dans cet ouvrage. Néanmoins certains d'entre eux, employés parfois avec une nuance particulière dans cet ouvrage, méritent d'être expliqués.

Algorithme : Chemin suivi pour aboutir à un résultat escompté (décomposition du problème en un grand nombre de séquences).

Analyse spectrale (ou **fréquentielle**) — **Analyse temporelle** : Un signal vibratoire peut être examiné en fonction du temps (c'est l'analyse ou la représentation temporelle) ou en fonction de la fréquence. La valeur du signal en fonction de la fréquence est appelée un SPECTRE d'où le terme d'analyse spectrale.

Banque de données : Ensemble des connaissances relatif à un domaine défini.

Disponibilité : Aptitude d'un bien à être en état d'accomplir sa fonction.

F.F.T. (Fast Fourier Transformation) : Algorithme de transformation rapide du signal d'entrée en signal exploitable par l'ordinateur.

Filtrage : Méthode d'analyse d'un signal vibratoire qui permet d'examiner les composantes de celui-ci sur une partie de la fréquence seulement grâce à l'utilisation d'un filtre qui élimine les fréquences indésirables.

Fonction aléatoire : Fonction qui ne peut être définie à partir d'une variable qu'avec une certaine probabilité.

Fonction déterministe : Fonction définie à partir d'une variable par une loi mathématique.

Fonction de transfert : Les efforts dynamiques appliqués à une machine constituent le signal d'entrée du système. Les vibrations captées en un point de la machine constituent le signal de sortie. Les valeurs des composantes du signal d'entrée en fonction de la fréquence sont notifiées en amplitude et en phase par la fonction de transfert de la machine pour donner les composantes du signal de sortie.

Fréquence : Nombre de vibrations par unité de temps.

Heuristique : Technique de résolution de problèmes utilisant une stratégie pas à pas où chaque étape s'appuie sur le résultat précédent et surtout utilisée en intelligence artificielle pour sa rapidité.

Logiciel : Ensemble des programmes, procédés ou règles se rapportant à un domaine bien défini.

Machines : Terme utilisé dans le sens général d'appareils d'équipements

MAO : Maintenance assistée par ordinateur

Process : Ensemble du cheminement des opérations de fabrication d'un produit.

Résonance : Il y a résonance lorsque le signal de sortie d'un système est fortement amplifié par rapport au signal d'entrée pour une fréquence particulière appelée fréquence propre du système.

Signal vibratoire : Tension ou intensité électrique fournie par un capteur, proportionnellement au déplacement, à la vitesse ou à l'accélération d'un mouvement de vibration.

Synoptique : Tableau présentant les diverses parties d'un ensemble.

Adresses utiles

- **Fournisseurs**

1. ANALYSE DES VIBRATIONS

Fournisseurs de matériels et de prestations de services

Il existe sur le marché plusieurs sociétés susceptibles de fournir :

— soit des matériels pour mesurer et analyser les niveaux vibratoires.

— soit des prestations d'analyses vibratoires et diagnostics.

Dans un tableau à double entrée, sont indiquées les spécialités des diverses sociétés.

Les pages suivantes indiquent, pour chaque société :

- La raison sociale.
- Le nom de la personne à contacter.
- L'adresse.
- Le numéro de téléphone.

MATÉRIELS ou PRESTATIONS / FOURNISSEURS	AIF	ALSTHOM CEM	ARNYDIS	ASEA	BENTLY NEVADA	BRUEL et KJAER	CAMPAGNA et VARENNE	CEP	CETIM	DUNEGAN	ENDEVCO	IRD MECHANALYSIS	METRAVIB	MOBIL OIL	MVI	ORIC	SCHENCK	S.K.F.	SCIENTIFIC ATLANTA	SPM inst.	VIBRO-METER
Indicateur du « niveau du roulement »										★			★					★		★	
Indicateur portatif du niveau global de vibration						★						★	★				★		★	★	★
Analyseur portatif de spectres						★						★					★		★		★
Collecteur portatif du niveau global de vibration (jumelé avec micro ordinateur)					★												★		★		
Collecteur portatif du niv. global + Analyse spectrale (jumelé avec micro ordinateur)					★	★				★	★	★	★				★				
Moniteur de surveillance permanente					★	★					★	★	★				★		★		★
Unité de traitement, Analyses, Diagnostics	★	★	★	★			★	★	★			★	★	★	★	★					
Stages formation				★		★	★	★	★			★	★	★			★		★		

• **AIF**

M. BOULENGER
10, rue de Calais
75441 Paris
Tél. (1) 48.74.02.20

• **ALSTHOM CEM**

M. MABIT
85, av. A. Briand
93240 Stains
Tél. (1) 48.21.63.15

• **ARNYDIS**

M. LABADIE
Centre Affaires
La Boursidière
92357 Le Plessis Robinson
Tél. (1) 45.37.69.60

• **ASEA**

M. DAMIENS
22, rue du 8 Mai 1945, B.P. 5
95340 Persan
Tél. (1) 34.70.92.00

• **BENTLY NEVADA**

M. MOUSSET
30, avenue de l'Amiral Lemonnier
78160 Marly-le-Roy
Tél. (1) 39.58.50.01

• **BRUEL et KJAER**

M. CORNU
38, rue Champoreux
91540 Mennecy
Tél. (1) 64.57.20.10

• **CAMPAGNA et VARENNE**

M. CAMPAGNA
Montée de Malissol
38200 Vienne
Tél. 74.57.24.10

• **CAMPAGNA et VARENNE**

M. VARENNE
Z.I. Quartier Les Jallassières
Route de Berre
13510 Eguilles
Tél. 42.20.07.15

• **CEP**

M. FOURNIER
34, rue Rennequin
75015 Paris
Tél. (1) 47.66.52.72

• **CETIM**

M. PERROT
52, avenue Félix Louat
60304 Senlis
Tél. (1) 44.58.34.48

• **Intruments de Précision CHASSELON**

Représentant en France
le matériel SPM
5, rue Amédée-Picard
94230 Cachan
Tél. (1) 46.65.15.10

• **DUNEGAN France**

M. LUANCO
74, rue des Grands Champs
75020 Paris
Tél. (1) 43.56.22.10

• **ENDEVCO**

M. DELAMARE
76, rue des Grands Champs
75020 Paris
Tél. (1) 43.73.43.59

• **IRD MECHANALYSIS**

M. LAURENT
Mini parc - bât. nº 5
ZA de Courtabœuf
6, avenue des Andes
91952 Les Ulis Cedex
Tél. (1) 69.86.11.88

• **METRAVIB Instruments**

M. JOST
13, route des Peupliers
Norly 2
69570 Dardilly
Tél. 47.35.56.03

• **METRAVIB RDS**

M. CADOUX
64, chemin des Mouilles
BP 182
69132 Ecully
Tél. 78.33.22.53

• **MOBIL OIL France**

M. DALBOUSSIERE
Tour Septentrion
Cedex nº 9
92081 Paris La Défense
Tél. (1) 47.73.42.41

• **ORIC**

M. GUESDON
370 bis, rue N. Bonaparte
92500 Rueil Malmaison
Tél. (1) 47.49.55.07

• **MVI**

M. DELMAS
BP Nº 9
13115 St-Paul-lez-Durance
Tél. 42.25.12.34

• **SCHENCK SA**

M. BOIDIN
Chemin Neuf, B.P. 17
78240 Chambourcy Cedex
Tél. (1) 39.65.56.60

• **SKF**

M. BUSEYNE
8, rue Réaumur
92140 Clamart
Tél. (1) 45.37.73.00

• **SCIENTIFIC ATLANTA Spectral Dynamics**

M. SANCHEZ
4, avenue Gabriel-Péri
78360 Montesson
Tél. (1) 39.76.91.91

• **SPM Instrument AB**

(Vendu en France par Chasselon)
S. 15201
Strangnas Sweden
Tél. 46/152.134.20

• **VIBROMETER**

M. MONET
43, rue de Chateaudun
75009 Paris
Tél. (1) 45.26.39.38
(1) 45.26.37.61

2. ANALYSES D'HUILES

Fournisseurs d'analyses et diagnostics

Outre tous les grands groupes pétroliers fournisseurs d'huiles tels que Mobil, Elf, Antar, Total, Esso, Shell... qui ont leur laboratoire et un programme d'analyses plus ou moins sophistiqués, il existe de nombreux laboratoires indépendants spécialisés dans l'analyse des lubrifiants.

Nous pensons pouvoir aider le lecteur en lui donnant ci-après la liste de ces principaux laboratoires avec leurs coordonnées et qui ont l'avantage et le défaut de leur indépendance.

LISTE DES PRINCIPAUX LABORATOIRES D'ANALYSE DES LUBRIFIANTS

- **ARANCO**

41, rue Michelet
92000 Nanterre
Tél. (1) 47.21.52.01
(1) 47.21.52.10

- **CANDRA**

30, rue du Docteur-Tillaux
BP 6177
14004 Caen Cedex
Tél. 31.86.24.12

- **CAPE INDUSTRIE**

BP 6141
14065 Caen Cedex
Tél. 31.44.39.18

- **CETIM**

10, rue Barrouin
42029 Saint-Etienne Cedex 1
Tél. (1) 77.43.39.77

- **DIAGOPARC GIE ANAC**

45, rue Camille-Desmoulins
92130 Issy-les-Moulineaux
Tél. (1) 47.65.12.00

- **I.F.P.**

1 et 4, avenue de Bois Préau
BP 311
92506 Rueil-Malmaison
Tél. (1) 47.49.02.14

- **PCAS LOBORATOIRES**

ZI de la Vigne aux Loups
23, rue Bossuet
91161 Longjumeau Cedex
Tél. (1) 69.09.77.85

- **SECMAPP ANALYSTS**

104, avenue J.B. Charcot
92400 Courbevoie
Tél. (1) 47.88.08.17

- **S.T.M.**

ZI rue Denis-Papin
BP 34
27130 Verneuil-sur-Avre
Tél. 32.32.19.90

- **VERNOLAB**

ZI les Cent Sillons
BP 94
27230 Verneuil-sur-Avre
Tél. 32.32.18.45

- **WOLF**
Département Industriel

15, rue Charles-Paradinas
92110 Clichy
Tél. (1) 47.30.04.40

3. AUTRES OUTILS D'AIDE AU DIAGNOSTIC

Fournisseurs de matériels et prestations de services

La liste présentée pages suivantes n'est évidemment pas exhaustive mais donne certains fournisseurs de services ou d'appareils de contrôle les plus utiles (en complément de l'analyse des vibrations et analyse d'huiles) pour pratiquer une maintenance conditionnelle selon le type de machines à surveiller.

Nom de la société			*Type des prestations*		*Nature des contrôles*											
Raison sociale	*Ville*	*Téléphone*	Services	Matériels	Contrôle épaisseur	Contrôle étanchéité	Contr. holographique	Contr. infrarouges	Courants de Foucault	Emission acoustique	Endoscopie	Magnétoscopie	Rayons X	Rayons γ	Ressuage	Ultra sons
Agema	Issy-les-Moulineaux	(1) 47.36.88.11		★				★								
Andrex	Maurepas	30.50.28.18		★	★								★	★		★
Apave	Paris	(1) 45.67.90.47	★			★		★	★			★	★	★	★	★
Ardrox	Paris	(1) 48.87.70.00		★		★			★	★		★			★	★
AIF	Paris	(1) 48.74.02.20	★			★		★	★			★	★	★	★	★
ARNYDIS	Plessis Robinson	(1) 45.37.69.60	★					★		★						★
Automatisation Int.	Clamart	(1) 46.32.28.28		★	★				★	★	★	★			★	★
Babb Co/Devtec	Paris	(1) 45.63.67.34		★							★	★			★	
Balteau Schlumberger	Orly	(1) 46.86.87.65		★	★							★	★			★
Bruel et Kjaer	Menecy	(1) 64.57.20.10		★						★						
CTE	Eaubonne	(1) 39.59.49.49	★			★			★			★	★	★	★	★
Damac	Levallois	(1) 47.39.40.00		★	★											
Dunegan	Paris	(1) 43.56.22.10		★						★						
Endevco France	Paris	(1) 43.73.43.59		★						★						
Forster France	Gentilly	(1) 45.46.26.10		★					★			★				
Framatome	La Défense	(1) 47.96.14.14	★						★			★	★	★	★	★
Game Ingénierie	St-Médard-en-Jalle	56.05.84.60		★									★			
HGH Syst. infrarouges	Bourg-la-Reine	(1) 46.64.38.80		★				★								
Infared Engineering	Lormont	56.32.96.33		★	★			★								
Intercontrôle	Rungis	(1) 46.87.31.60	★	★	★	★			★	★		★	★	★	★	★

Nom de la société			Type des prestations		Nature des contrôles											
Raison sociale	*Adresse*	*Téléphone*	Services	Matériels	Contrôle épaisseur	Contrôle étanchéité	Contr. holographique	Contr. infrarouges	Courants de Foucault	Emission acoustique	Endoscopie	Magnétoscopie	Rayons X	Rayons γ	Ressuage	Ultra sons
Mair	Boulogne	(1) 46.04.81.81		★	★							★				★
Marposs	Rueil-Malmaison	(1) 47.08.92.55		★					★							★
Mecaserto	Lognes	(1) 60.06.42.94		★									★			★
Metalscan Grenoble	Grenoble	76.51.74.73		★												★
OTECMI	Cherbourg	33.53.23.17	★									★	★	★	★	★
Optilas	Evry	(1) 60.77.40.63		★			★									
PCAS	Longjumeau	(1) 69.09.77.85		★								★			★	
Philips	Bobigny	(1) 48.95.96.91	★	★									★			
Qualitest	Orsay	(1) 69.07.78.20	★		★	★		★	★	★	★	★	★	★	★	★
Sepema	Nozay	(1) 69.01.26.01	★	★	★					★						★
SKF	Clamart	(1) 45.37.73.00		★						★						★
Socomate	Crécy-la-Chapelle	(1) 64.35.81.09		★		★			★	★						★
Sofranel CND	Sartrouville	(1) 39.13.82.36		★	★							★	★			★
Sopra	Bernoy	32.43.06.65		★			★									
Varian	Les Ulis	(1) 69.07.78.26		★			★									
Vermon	Tours	47.37.42.78		★												★
Vilbert Lourmat.	Torcy	(1) 60.06.07.71		★								★			★	

4. AUTRES ADRESSES

AFI
(Association française des ingénieurs maintenance)

13, rue de Liège
75009 PARIS
Tél. (1) 42.80.64.00

Association regroupant des chefs d'entretien et des responsables de maintenance, membre de l'EFNMS (European Federation of National Maintenance Societies) qui s'est donné pour but de fournir à ses adhérents les moyens de se perfectionner tant sur le plan de la technique que sur le plan de l'administration et de la gestion.

AFNOR
(Association française de normalisation)

Tour Europe Cedex 07
92080 PARIS LA DÉFENSE
Tél. (1) 42.91.55.55

Dans le domaine de la maintenance, l'Afnor publie normes et documents divers et organise des stages de formation sur les thèmes « Comment améliorer l'efficacité de la maintenance » et « Maintenance et conception » (voir page 4 et 6).

AIF
(Association des Industriels de France)

10, rue de Calais
75441 PARIS CEDEX 09
Tél. (1) 48.74.02.20

APAVE
(Groupement des associations d'appareils électriques et à vapeur)
(Assoc. Parisienne de Propriétaires d'appareils vapeur électriques)

17, rue Salneuve
75017 PARIS
Tél. (1) 47.66.51.51

102, rue des Poissonniers
75018 PARIS
Tél. (1) 42.57.11.05

BTE/Formation-promotion
(Bureau des temps élémentaires)

Tour Fiat
1, place de la Coupole
92084 PARIS LA DÉFENSE CEDEX 16
Tél. (1) 47.96.70.00

Organisme développant des stages de formation « maintenance » destinés à la totalité du personnel de maintenance (encadrement, maîtrise, préparateurs, méthodes de maintenance, directions).

CAP MAINTENANCE (Computer Aided Predictive Maintenance)

232, avenue Napoléon-Bonaparte
92500 RUEIL-MALMAISON
Tél. (1) 47.49.71.71

Groupement d'intérêt économique des sociétés CAMPAGNA-VARENNE et le Bureau d'Etudes Industrielles et de Coopération de l'Institut Français du Pétrole, assurant la promotion de ces deux sociétés et qui organise des stages de « Maintenance conditionnelle ».

CAST (Centre d'Actualisation Scientifique et Technique)

INSA Bât. 705
20, avenue Albert-Einstein
69621 VILLEURBANNE Cedex
Tél. (1) 78.93.24.45

Centre de perfectionnement organisant des stages sur la Maintenance conditionnelle.

CEP (Contrôle et Prévention)

34, rue Rennequin
75017 PARIS
Tél. (1) 47.66.52.72

Organisme spécialisé dans l'amélioration de la qualité et de la sécurité d'emploi par la prévention des aléas de toutes natures et organisant des stages sur la « Maintenance conditionnelle ».

CETIM (Centre Technique des Industries Mécaniques)

52, avenue Félix-Louat
60304 SENLIS
Tél. (1) 44.58.32.66

Centre technique d'aide aux entreprises, organisant des stages sur la « Maintenance conditionnelle ».

CIMI/CCI (Centre international de maintenance industrielle)

Les Guignières
41018 BLOIS Cedex
Tél. 54.74.65.15

Centre chargé de développer la formation continue dans le domaine de la maintenance au plan national et international (dégradation des matériaux, organisation des opérations de maintenance, gestion des pièces de rechange, rédaction et gestion des contrats de maintenance).

ECP Arts et Manufactures Ecole Centrale (Paris) (Ecole centrale de Paris)

Grande Voie des vignes
92290 CHATENAY-MALABRY

et plus particulièrement son centre de formation continue qui organise des stages « maintenance ».
Tél. (1) 46.61.33.10

IFMI
(Institut français de la maintenance industrielle)

11, place d'Aquitaine
B.P. 475
94152 RUNGIS Cedex
Tél. (1) 46.87.24.96

Institut ayant pour but de promouvoir la maintenance industrielle sur le plan national et d'informer et de documenter les industries sur les différents aspects de cette technique, en particulier par le biais des actions de formation aux différents niveaux hiérarchiques.

INRS
(Institut national de recherche et de sécurité)

30, rue Olivier-Noyer
75680 PARIS Cedex 14
Tél. (1) 45.45.67.67

IUT de Maintenance Industrielle
Institut universitaire de technologie

Chemin Passio Gella
66000 PERPIGNAN
Tél. (1) 68.67.12.13

IUT de Maintenance Industrielle

Place du 8-Mai-1945
93206 SAINT-DENIS
Tél. (1) 48.21.61.55

IUT de Maintenance Industrielle

Le Mont Houy
59326 VALENCIENNES
Tél. 27.42.41.00

ISIN
(Institut des sciences de l'Ingénieur)

Parc Robert-Bentz
54500 VANDŒUVRE
Tél. 83.55.54.44

SQUALPI
(Service de la qualité des produits industriels)

30-32, rue Guersant
75017 PARIS
Tél. (1) 45.74.95.95

Au sein de la Direction de la qualité et de la sécurité industrielles du ministère de l'Industrie et de la Recherche, ce service anime une politique de promotion de la maintenance vers les entreprises.

Index

IMPRIMERIE LOUIS-JEAN
Publications scientifiques et littéraires
05002 GAP — Tél. : 92.51.35.23
Dépôt légal : 100 — Février 1988